普通高等院校计算机基础教育“十三五”规划教材

Visual Basic.NET 程序设计实践教程

王泽杰　主　编

胡浩民　张晓梅　向珏良　副主编

中国铁道出版社有限公司
CHINA RAILWAY PUBLISHING HOUSE CO., LTD.

内 容 简 介

本书通过精心设计的 16 个实验帮助读者掌握 Visual Basic 程序设计，实验内容涵盖了 Visual Studio 集成开发环境、控件、控制结构、数组、过程、用户界面设计、类和对象、继承、绘图和文件等。通过广泛的趣味性案例编程实验，循序渐进地介绍了使用 Visual Basic 进行程序设计的方法，读者或者教师可以根据实际情况灵活组合这些实验。

本书适合作为高等学校程序设计课程的配套教材，也可作为科技人员和程序设计爱好者的自学参考书。

图书在版编目（CIP）数据

Visual Basic.NET 程序设计实践教程/王泽杰主编. —北京：中国铁道出版社，2019.1（2019.12 重印）
普通高等院校计算机基础教育“十三五”规划教材
ISBN 978-7-113-25355-4

Ⅰ.①V… Ⅱ.①王… Ⅲ.①BASIC 语言-程序设计-高等学校-教材 Ⅳ.①TP312.8

中国版本图书馆 CIP 数据核字（2019）第 012824 号

书　　名：Visual Basic.NET 程序设计实践教程
作　　者：王泽杰　主编

策　　划：曹莉群　　　　读者热线：（010）63550836
责任编辑：陆慧萍　冯彩茹
封面设计：刘　颖
责任校对：张玉华
责任印制：郭向伟

出版发行：中国铁道出版社有限公司（100054，北京市西城区右安门西街 8 号）
网　　址：http://www.tdpress.com/51eds/
印　　刷：北京鑫正大印刷有限公司
版　　次：2019 年 1 月第 1 版　2019 年 12 月第 2 次印刷
开　　本：787 mm×1 092 mm　1/16　印张：6.5　字数：145 千
书　　号：ISBN 978-7-113-25355-4
定　　价：21.00 元

版权所有　侵权必究

凡购买铁道版图书，如有印制质量问题，请与本社教材图书营销部联系调换。电话：（010）63550836

打击盗版举报电话：（010）51873659

以培养创新能力为核心的信息技术基础系列教材编委会

顾　问：蒋宗礼　教授

主　任：方志军　教授

副主任：陈　强　李媛媛

委　员：赵　毅　胡浩民　黄　容

周　晶　王泽杰　胡建鹏

张晓梅　刘惠彬　潘　勇

序

信息技术正在通过促进产品更新换代而带动产业升级，在我国经济转型发展中正发挥着基础性、关键性支撑作用。信息技术基础教材的编写需要体现新工科建设中对课程教学提出的新要求，体现现代工程教育的特点，适应新的培养要求。各专业的信息技术基础公共课程应将数字化思维、创新思维和创新能力培养作为课程教学的基本目标。

上海工程技术大学面向应用型工程人才的培养，组织编写一套以培养创新能力为核心的信息技术基础系列教材，以期为非计算机专业的大学生打下坚实的信息技术基础，提高其信息技术基础与专业知识结合的能力。本系列教材包括《计算机应用基础》《C语言程序设计》《Python程序设计》《Java程序设计》《Visual Basic.NET程序设计教程》等。

教材具有以下特点：

（1）以地方工科院校本科机械、电子工程专业的计算机基础教育为主，兼顾汽车、轨道交通、材料科学与工程、化工、服装等专业的计算机基础教育的需求。

（2）基于案例驱动的教学模式。教材以案例为分析对象，通过对案例的分析和讨论以及对案例中处理事件基本方案的研究、评价，在案例发生的原有情境下提出改进思路和相应方案。以课程知识点为载体，进行工程思维训练。

（3）以问题为引导。教材选择来源于具体的工程实践的问题设置情境，以问题为对象，通过对问题的了解、探讨、研究和辩论，学会应用和获取知识，辨别和收集有效数据，系统地分析和解释问题，积极主动地去探究，引导和启发学生主动发现、寻求问题的各种解决方案，培养计算思维、工程思维能力。

（4）配有实验教材。按“基础实验→综合实验→开放实验→实践创新”四层循序递进，逐步提升学生的实践能力。

本套教材可作为地方工科院校本科生信息技术基础教材，也可供有关专业人员学习参考。

蒋宗礼

2017年11月

前　言

Visual Basic 是一种多范式、面向对象的编程语言。随着微软公司.NET 软件开发平台的不断演进，微软公司已经于 2017 年 3 月推出了 Visual Basic 15.0，然而使用 Visual Basic 进行软件开发的基础知识仍然是保持相对稳定的。作为一门好的程序设计入门语言应该有两个特点：第一，简单易学。学习门槛不能高，避免让学习者产生望而生畏的心理。Visual Basic 语法简单，具有功能强大的内置数据结构，能让学习者更多地将精力集中于寻找问题的解决方法，而不是学习编程语言本身。第二，实用。学习者应该清楚地知道所学的编程知识将来是要使用的，Visual Basic 广泛应用于工业界和学术界，常用于解决实际问题，如网络访问、数据库操作等。

本系列教材的目标是培养学生的计算思维（Computational Thinking）能力。计算思维是运用计算机科学的基础概念进行问题求解、系统设计，以及人类行为理解的涵盖计算机科学之广度的一系列思维活动。通俗地讲就是要做到“像计算机科学家一样思考”。我们应该彻底改变长期以来存在的“计算机只是工具”“计算机就是程序设计”“计算机基础课程主要是讲解软件工具的应用”等片面认识，计算机基础教学不仅只是要学生学会如何使用计算机或进行程序设计，更承担着培养学生综合素质与能力的重任，而程序设计类课程应该将培养学生的计算思维能力作为主要目标，本系列教材在编写时始终遵循这一原则。

本书是根据编者多年来讲授“Visual Basic 程序设计”课程所取得的实际经验和教学研究成果的基础上编写而成的，在设计实验时遵循内容难易适度、教学知识点全覆盖、编程趣味性与实践性相结合等原则。具体实验内容上，在保持现有教学内容基本稳定的基础上，对现有教材进行升级改造，着重增加了一些趣味性强、更能激发读者学习积极性的编程案例。全书分为 16 个实验，内容涵盖 Visual Studio 集成开发环境、控件、控制结构、数组、过程、用户界面设计、类和对象、继承、绘图和文件等，每个实验都提供了充足的实验题目，在进行具体实验时可酌情选取。对于采用 48 学时（24 学时理论教学+24 学时上机实验）的教学方案可以只采用前 12 个实验，后面 4 个实验作为学生的自学材料。采用 64 学时（32 学时理论教学+32 学时上机实验）的教学方案则 16 个实验可以做到完全覆盖。

本书由王泽杰任主编，胡浩民、张晓梅、向珏良任副主编。编写分工如下：实验 1 由向珏良、王泽杰编写，实验 2～实验 6 由周晶、王泽杰编写，实验 7 和实验 8 由王泽杰编写，实验 9 和实验 10 由张晓梅编写，实验 11 和实验 12 由刘惠彬编写，实验 13 和实验 14 由王泽杰、刘惠彬编写，实验 15 由向珏良编写，实验 16 由胡浩民编写。全书由王泽杰统稿。在编写的过程中还得到了陈强、赵毅、黄容、潘勇、胡建鹏等老师的帮助，在此一并表示感谢。

由于编者水平有限，加之时间仓促，书中难免存在疏漏和不足之处，敬请专家和读者批评指正。

编　者

2018 年 11 月于上海

目　录

实验 1　熟悉集成开发环境

1. 实验目的

（1）了解 Visual Studio 2010 的常用窗口、常用菜单命令和工具栏按钮。
（2）掌握 Visual Basic.NET 的 Windows 应用程序设计方法三个步骤，了解调试的基本方法。
（3）了解 Visual Basic.NET 项目树的结构，了解项目中常用文件的作用。

2. 实验范例

例题 1.1　屏幕输出“Hello, world!”

【操作步骤】

（1）新建项目。打开 Visual Studio 2010 开发环境，从“文件”菜单中选择“新建项目”命令，新建一个 Visual Basic 项目，项目类型为“控制台应用程序”，如图 1.1 所示。名称命名为“例题 1.1 HelloWorld”。

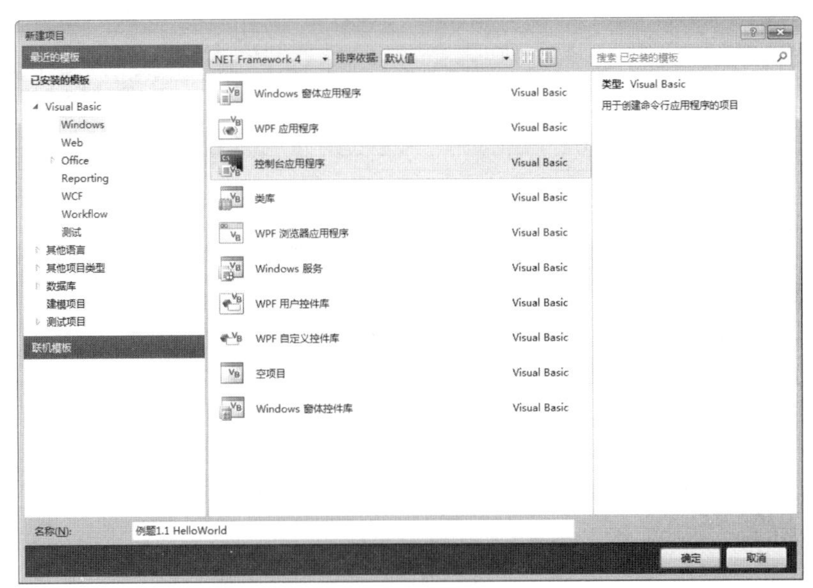

图 1.1　新建项目

单击“确定”按钮，Visual Studio 会新建一个项目，并自动打开 Module1.vb 文件，如图 1.2 所示。

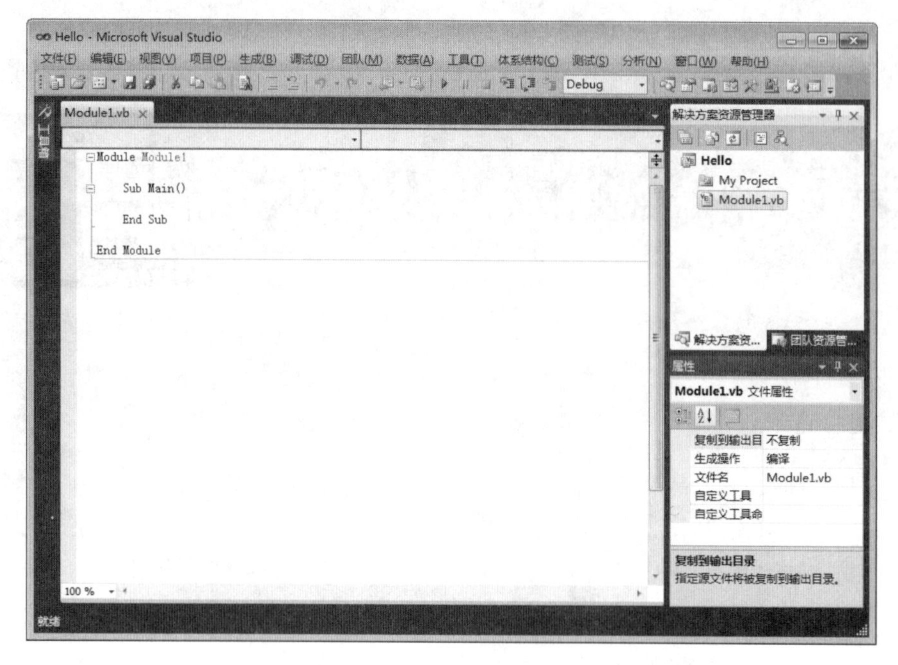

图 1.2　Module1.vb 文件

（2）保存项目。单击工具栏上的“全部保存”按钮，将项目保存在 C 盘 VB 目录下（或者 D 盘 VB 目录下），如图 1.3 所示。

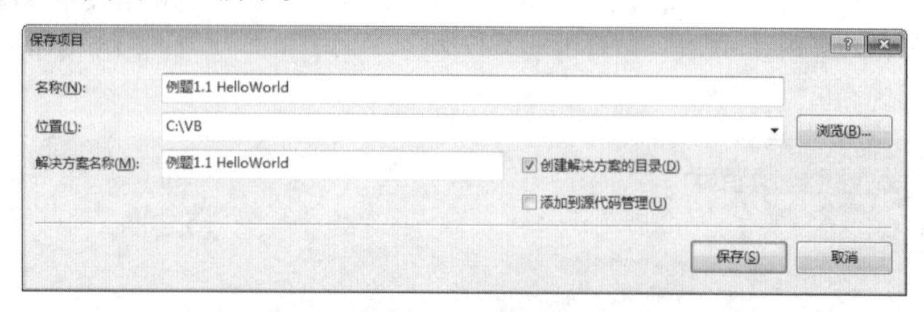

图 1.3　保存项目

（3）输入代码。在自动生成的 Module1.vb 文件中，将光标定位到 Sub Main()和 End Sub 之间，输入以下一行代码：

```
Console.WriteLine("Hello,world!")
```

（4）执行程序。按快捷键 Ctrl+F5，执行程序。

例题 1.2　计算圆的面积

在 300×100 的窗体上设计一个计算圆的面积的程序。要求：在文本框中输入圆的半径，单击“计算”按钮显示圆的面积，如图 1.4 所示。

图 1.4　例题 1.2 程序运行界面

设计分析：使用一个 TextBox 控件获取用户输入的圆的半径，使用 Label 控件显示圆的面积，在 Button 控件的 Click 事件处理过程中编写程序代码。

【操作步骤】

（1）新建项目。打开 Visual Studio 2010 开发环境，从“文件”菜单中选择“新建项目”命令，项目类型为“Windows 窗体应用程序”，名称命名为“例题 1.2 计算圆的面积”。

（2）保存项目。单击工具栏上的“全部保存”按钮，将项目保存在 C 盘 VB 目录下（或者 D 盘 VB 目录下）。

（3）添加控件并设置其属性。从工具箱中拖入窗体：两个 Label 控件、一个 TextBox 控件和一个 Button 控件。依次选中每个控件，在“属性”面板中设置相应属性，结果如图 1.5 所示。

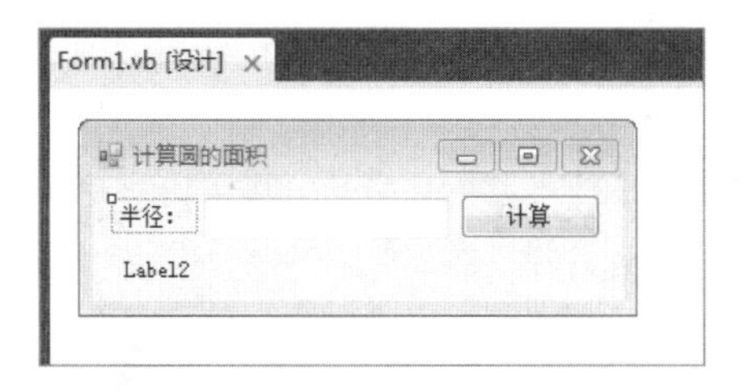

图 1.5　编辑 Form1 属性

（4）添加事件处理代码。双击窗体上的 Button 控件，在弹出的 Form1.vb 文件中，将鼠标指针定位到 Private Sub Button1_Click(…) Handles Button1.Click 和 End Sub 之间，输入如下代码：

```
Dim radius As Double
Dim area As Double
radius=Val(TextBox1.Text)
area=Math.PI * radius * radius
Label2.Text="圆的面积为: " & area
```

（5）启动调试。选择“调试/启动调试”命令，或者按快捷键 F5，将在调试模式下运行程序。

3. 实验内容

实验 1.1　屏幕输出姓名

新建一个控制台应用程序，完成屏幕输出你的姓名。要求：①程序运行时显示一行文字“Enter your name:”；②通过键盘输入你的名字，例如“Zhang San”，则屏幕输出“Hello Zhang San!”。运行界面如图 1.6 和图 1.7 所示。

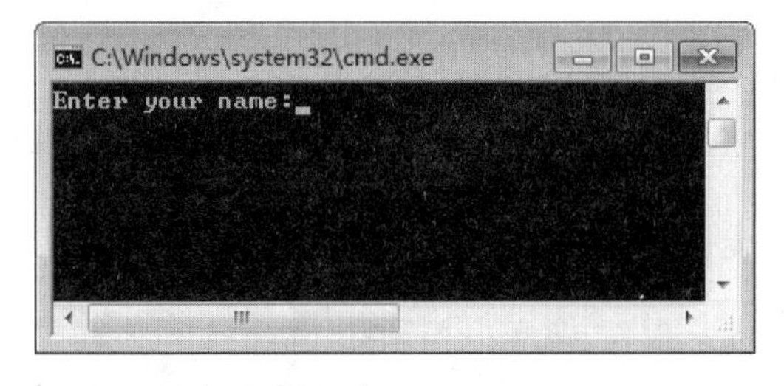

图 1.6　程序运行界面

图 1.7　程序输出界面

实验 1.2　电费单据计算

在 350×200 的窗体上设计一张自动计算的电费单据。峰、谷时段单价分别是 0.617 元、0.307 元。分别输入电表峰、谷时段用电量。单击“计算”按钮，分别计算出峰、谷时段金额，以及本月应付电费，运行界面如图 1.8 所示。

图 1.8　电费单据计算

要求：计算金额精确到小数点 2 位。峰谷时段用电量未输入，给出相应提示信息。

参考建议：运用 Form_Load()事件，初始化单价。通过 Format(数值, "0.00")函数，保留金额小数点 2 位。

实验 1.3　字符移动和窗口移动

在 320×200 窗体的中央放置一个显示红色“A”的标签，在它的下方分别有左、右方向 2 个命令按钮，窗体的左、右上角再放置 2 个命令按钮。单击左、右两个按钮，可以控制字符“A”的左右移动；单击“窗体移至左上角”“窗体移至右上角”分别可以将窗体移至桌面的左、右上角，程序运行界面如图 1.9 所示。

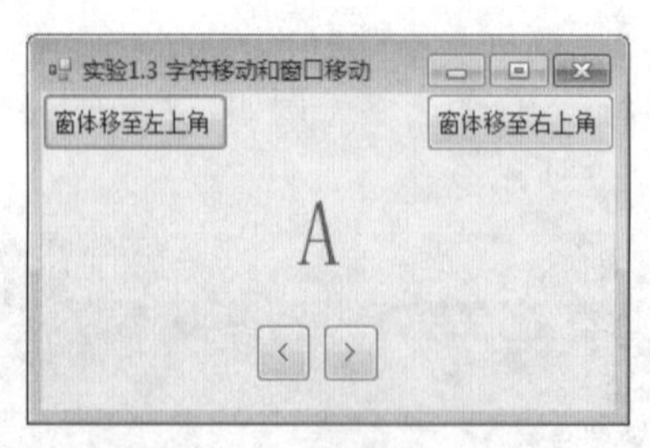

图 1.9　字符移动和窗口移动

参考建议：控制标签的 Left 属性，就可以控制标签的左右移动位置；运用 SetDesktopBounds()方法，可以设置窗体在桌面上的位置。运用智能感知技术帮助，或其他帮助手段，学习该方法中参数的使用。

实验 2　基本程序设计

1. 实验目的

（1）掌握数据基本类型和表达式的运算。
（2）了解数值和字符串处理的简单程序设计。
（3）掌握常用函数的使用方法。

2. 实验范例

例题 2.1　计算圆柱体的体积和表面积

设计一个数据输入、数据处理和数据输出的简单程序。在文本框中输入圆柱体的底半径和高，单击“计算”按钮，计算出圆柱体的体积和表面积，并在标签中输出。程序运行界面如图 2.1 所示。

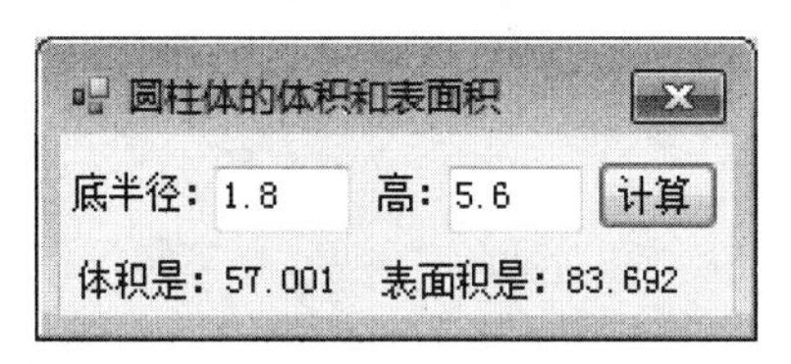

图 2.1　圆柱体的体积和表面积计算

设计分析：TextBox1 用于输入底面半径，TextBox2 用于输入高，Label3 和 Label4 用于输出圆柱体的体积和表面积。计算公式为：圆柱体的体积= $\pi\times$底面半径$^2\times$高，圆柱体的表面积=2 $\times\pi\times$底面半径×高+2 $\times\pi\times$底面半径^2，其中，圆周率 π 是常量 3.14159。计算结果保留 3 位小数。

程序代码：

```
Const PI=3.14159                     'PI 为常量 3.14159
Private Sub Button1_Click(…) Handles Button1.Click              '******计算
    Dim r,h,v,s As Single        'r、h、v 和 s 为单精度型变量，用于存放底半径、高、体积和
表面积
    r=Val(TextBox1.Text)             '输入底面半径
    h=Val(TextBox2.Text              '输入高
    v=PI * r * r * h                 '计算圆柱体体积
    s=2 * PI * r * h + 2 * PI * r * r                  '计算圆柱体表面积
    Label3.Text="体积是: " & Format(v, "0.000")         '输出体积
```

```
    Label4.Text = "表面积是: " + Format(s, "0.000")    '输出表面积
End Sub
```

例题 2.2 随机生成数字

输入随机生成数字的范围，单击“生成数字”按钮，显示该范围内的一个随机整数。程序运行界面如图 2.2 所示。

设计分析：使用随机函数 Rnd()可以生成一个 0～1 之间的单精度随机数，使用函数 Int()可以对数字取整。如果要产生[a,b]范围的随机整数值，其表达式为 Int(Rnd*(b–a+1)+a)。例如，要产生[16,256]范围的随机整数，表达式应为 Int(Rnd*241+16)。

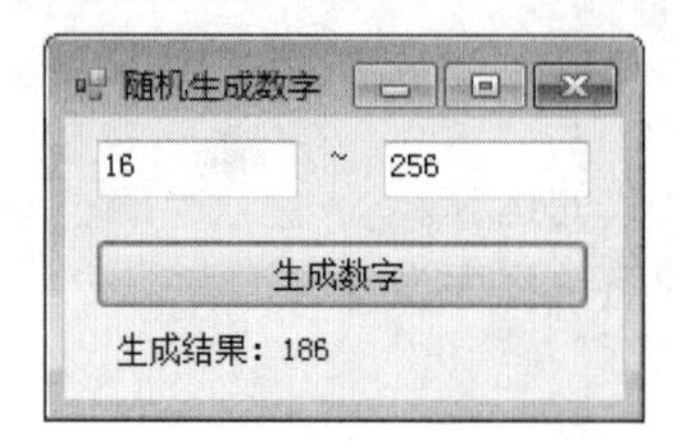

图 2.2　程序运行界面

程序代码：

```
Private Sub Button1_Click(...) Handles Button1.Click
    Dim a,b,c As Integer
    If IsNumeric(TextBox1.Text) And IsNumeric(TextBox2.Text) Then
        a=Val(TextBox1.Text) : b=Val(TextBox2.Text)
        c=Int(Rnd() * (b-a+1)+a)
        Label2.Text="生成结果: " & c
    Else
        MsgBox("必须输入数字", MsgBoxStyle.Exclamation)
    End If
End Sub
```

3. 实验内容

实验 2.1 计算三角形面积

分别输入三条边的边长 a、b 和 c，单击“计算”按钮，首先判断能否形成三角形，如果不能形成三角形则输出“不能形成三角形”；如果能够形成三角形，则输出“能够形成三角形”，并计算出三角形的面积。保留 2 位小数。程序运行界面如图 2.3 所示。

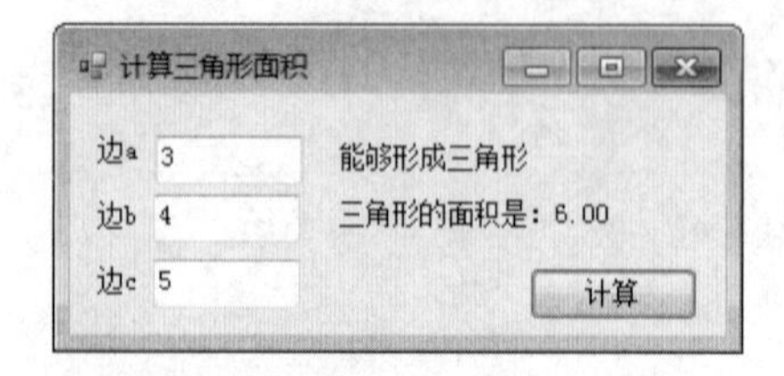

图 2.3　计算三角形面积

要求：输入的边长必须是数字。

参考建议：可以使用 IsNumeric()函数来判断边长是否是数字；三角形的判断条件是三角形的任意两条边的边长大于第三条边；根据边长求三角形面积的公式为 $S=\sqrt{p(p-a)(p-b)(p-c)}$，其中 $p=(a+b+c)/2$。

实验 2.2　随机生成英文字母

选择“小写”或“大写”单选按钮，单击“生成英文字母”按钮，显示随机生成的一个英文字母。程序运行界面如图 2.4 所示。要求：文本框中输入的必须是数字。

参考建议：利用随机数的公式 Int(Rnd*(b−a+1)+a)可产生[a,b]范围的随机整数值。随机生成字母，可以先生成[1,26]范围的随机整数值。如果选中“大写”就将生成的随机整数值加上 64；如果选中“小写”就将生成的随机整数值加上 96。

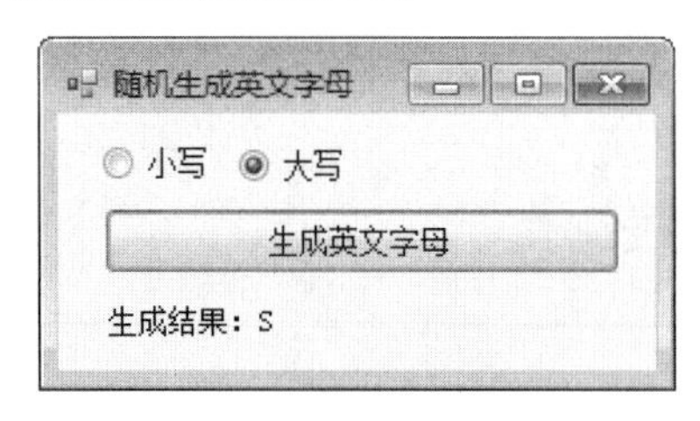

图 2.4　随机生成英文字母

实验 2.3　温度转换

编写程序实现华氏温度和摄氏温度之间的互相转换。华氏温度转换为摄氏温度的公式为 $c=\frac{5}{9}(f-32)$，其中 f 代表华氏温度，c 代表摄氏温度。程序运行界面如图 2.5 所示。

要求：使用 RadioButton 控件控制温度转换的类型；使用 TextBox 控件输入温度；使用 Label 控件输出温度；单击 Button 控件完成温度转换的计算。

图 2.5　温度转换

实验 2.4　判断闰年

编写一个“控制台应用程序”，实现从键盘输入一个年份，判断该年份是否是闰年。闰年需满足以下两个条件之一：①能被 4 整除但不能被 100 整除；②能被 400 整除。程序运行界面如图 2.6 所示。

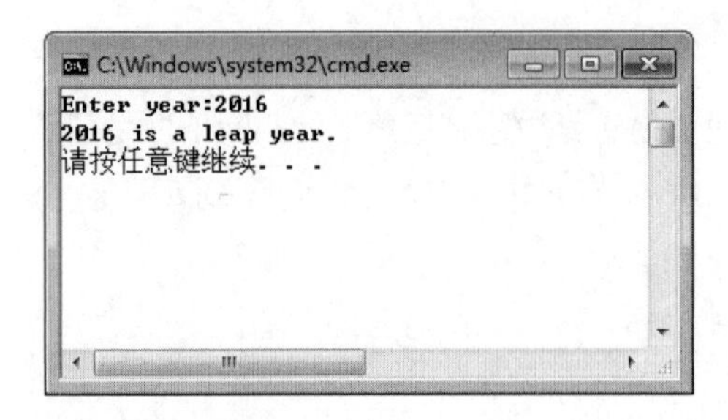

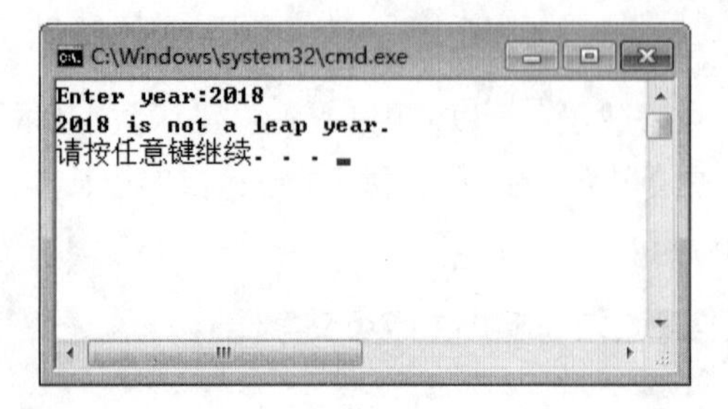

图 2.6　判断闰年

参考建议：使用 Console.Write()和 Console.WriteLine()输出字符串；使用 Console.ReadLine()读取字符串。

实验 3 基 本 控 件

1. 实验目的

（1）熟悉控件的建立和属性的设置。
（2）掌握控件的事件编程和方法调用。
（3）熟练运用控件进行程序设计。

2. 实验范例

例题 3.1 文字编辑器

在窗体上建立若干文本框、按钮和标签，分别单击六个命令按钮完成“复制”“剪切”“粘贴”“全选”“清空”和“退出”功能。程序运行界面如图 3.1 所示。

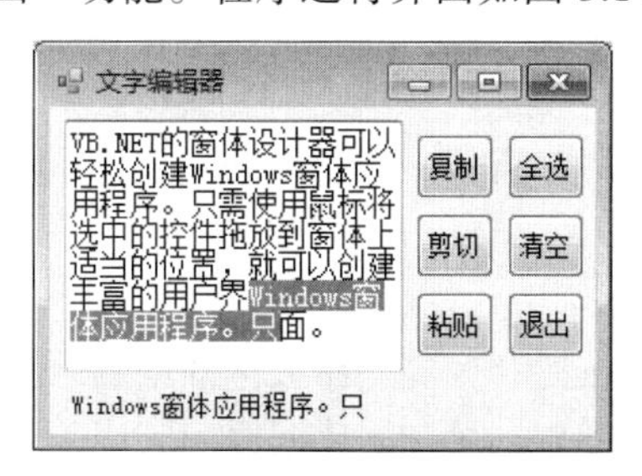

图 3.1 文字编辑器

设计分析：Button1～Button6 分别表示“复制”“剪切”“粘贴”“全选”“清空”和“退出”按钮；TextBox1 用于文本显示；Label1 临时存放 TextBox1 中选中的文本。单击“复制”按钮将 TextBox1 的选中文本复制到 Label1 中；单击“剪切”按钮将 TextBox1 的选中文本剪切到 Label1 中；单击“粘贴”按钮将 Label1 的内容粘贴到 TextBox1 的光标处；单击“全选”按钮选中 TextBox1 的全部文本；单击“清空”按钮将 TextBox1 的文本清空；单击“退出”按钮关闭窗体，结束程序运行。

程序代码：

```
Private Sub Form1_Load(…) Handles MyBase.Load                    '******窗体加载
    Button3.Enabled=False                          '将粘贴按钮设为无效
End Sub
Private Sub Button1_Click(…) Handles Button1.Click               '******复制
    Label1.Text=TextBox1.SelectedText      '存放 TextBox1 的选中文本
```

```
        Button3.Enabled=True                   '将粘贴按钮设为有效
        TextBox1.Focus()                       '将 TextBox1 设为焦点
    End Sub
    Private Sub Button2_Click(…) Handles Button2.Click                  '******剪切
        Label1.Text=TextBox1.SelectedText
        TextBox1.SelectedText=""               '将 TextBox1 的选中文本删除
        Button3.Enabled=True
        TextBox1.Focus()
    End Sub
    Private Sub Button3_Click(…) Handles Button3.Click                  '******粘贴
        TextBox1.SelectedText=Label1.Text  '将 TextBox1 的选中文本替换为复制或剪切的文本
        TextBox1.Focus()
    End Sub
    Private Sub Button4_Click(…) Handles Button4.Click                  '******全选
        TextBox1.SelectAll()                   '选中 TextBox1 的所有文本
        TextBox1.Focus()
    End Sub
    Private Sub Button5_Click(…) Handles Button5.Click                  '******清空
        TextBox1.Clear()                       '清除 TextBox1 的所有文本
        TextBox1.Focus()
    End Sub
    Private Sub Button6_Click(…) Handles Button6.Click                  '******退出
        Me.Close()                                 '关闭窗体
    End Sub
```

例题 3.2　计算平均数

在窗体上建立若干文本框、按钮和标签。在文本框中输入数据，逐次单击“下一个”按钮，程序记录输入的数据，同时计数和累加总和。数据输入完毕，单击“平均数”按钮计算平均数。程序运行界面如图 3.2 所示。

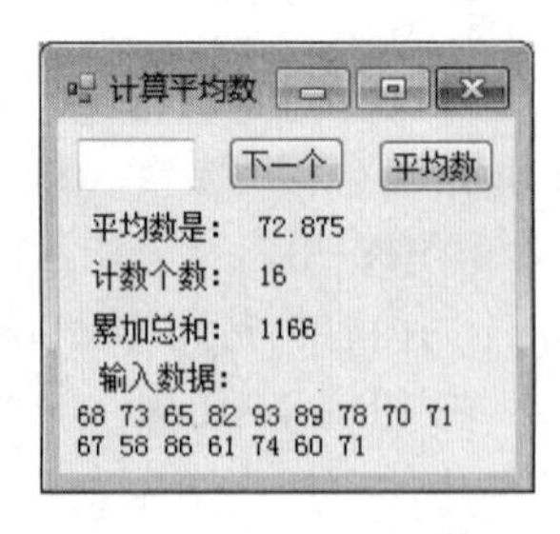

图 3.2　计算平均数

设计分析：Button1 和 Button2 分别表示“下一个”和“平均数”按钮；TextBox1 用于数据输入；Label1～Label4 分别表示“平均数是：”“计数个数：”“累加总和：”“输入数据：”，lblAver 表示平均数，lblCount 表示已输入数据的个数，lblSum 表示已输入数据的和，lblData 记录已输入的数据。

程序代码：

```
Private Sub TextBox1_KeyPress(…) Handles TextBox1.KeyPress
'*****TextBox1 中按下按键
    If e.KeyChar>"9" Or e.KeyChar<"0" Then          '控制数字输入
        e.KeyChar=""
    End If
End Sub
Private Sub Button1_Click(…) Handles Button1.Click               '*****下一个
    If TextBox1.Text <> "" Then                         '如果 TextBox1 为空则不做任何操作
        Label2.Text+="   "+TextBox1.Text               '记录数据
        Label6.Text=Val(Label6.Text)+1                 '计数加 1
        Label7.Text=Val(Label7.Text)+Val(TextBox1.Text)   '累加到和
        TextBox1.Clear()                               'TextBox1 清空
        TextBox1.Focus()                               '将焦点移到 TextBox1 上
    End If
End Sub
Private Sub Button2_Click(…) Handles Button2.Click               '*****平均数
    If Val(Label6.Text)<>0 Then                         '计数不为 0 时计算平均值
        Label5.Text=Val(Label7.Text)/Val(Label6.Text)
    End If
End Sub
```

例题 3.3　计算器程序

窗体上的文本框可以输入或显示运算结果；单击数字按钮输入数值；单击运算符可以计算并显示结果；若干标签在右边的临时区域存放中间结果和标志。双击窗体可折叠或展开临时变量区域。程序运行界面如图 3.3 所示。

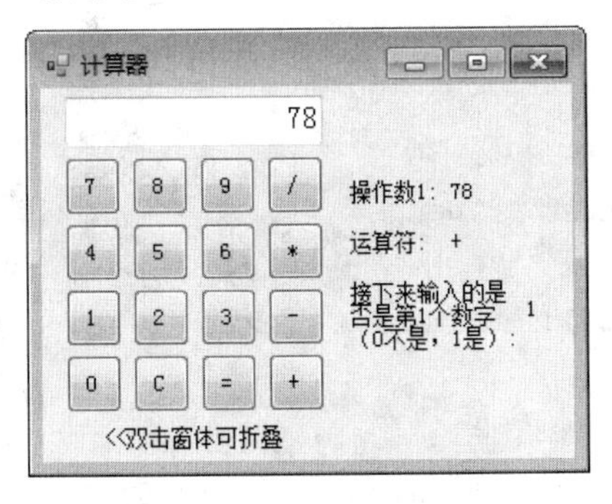

图 3.3　计算器

设计分析：TextBox1 表示输入和计算的结果，bt0～bt9 分别表示数字 0～9，btPlus 表示“加”，btMinus 表示“减”，btMutiply 表示“乘”，btDivide 表示“除”，btEqual 表示“等于”，btClear 表示“清除文本框”，lblOperand1 表示“操作数 1”，lblOperator 表示“运算符”，lblFlag 表示“接下来输入的是否是第 1 个数字（0：不是，1：是）”。如果单击 bt0～bt9，先判断所输入的是否是第 1 个数字。如果是则 TextBox1 的内容就是单击的数字，并将 lblFlag 改为 0，否则

TextBox1 的内容等于原有内容乘以 10 再加上所单击的数字。如果单击 btPlus、btMinus、btMutiply 和 btDivide，判断 lblOperator 是否为运算符。如果是则将 TextBox1 的内容与 lblOperand1 的内容进行 lblOperator 运算，再将运算结果存入 TextBox1。不管 lblOperator 是否为运算符，最后都要将 TextBox1 存入 lblOperand1，所单击的运算符存入 lblOperator，lblFlag 改为 1。如果单击 btEqual，操作与 btPlus 等运算符基本相同，唯一区别是最后存入 lblOperand1 的是 0。如果单击 btClear，将 lblOperand1、TextBox1、lblFlag 全设为 0，lblOperator 清空。双击窗体，如果窗体的宽度是 180，将窗体的宽度增加 120，否则将窗体的宽度减少 120。

程序代码：

```
Private Sub Form1_Load(…) Handles MyBase.Load                       '******窗体加载
    TextBox1.ReadOnly=True                      '设置 TextBox1 不接受键盘输入
    TextBox1.BackColor=Color.White              '设置 TextBox1 的背景色为白色
    TextBox1.Text="0"                           '设置 TextBox1 的 Text 为 0
    lblFlag.Text="0"                        '设置接下来输入的不是第一位数字
    lblOperand1.Text="0"                    '设置第一个操作数为 0
    lblOperator.Text=""                     '设置运算符标志为空
    Me.Width=180                            '设置窗体的宽度
End Sub
Private Sub btPlus_Click(…) Handles btPlus.Click                    '******按钮“+”
    If lblOperator.Text="+" Then '如果先前运算符标志是"+"，则将操作数 1 加上文本框中的
数
        TextBox1.Text=Val(lblOperand1.Text)+Val(TextBox1.Text)
        '结果存放回文本框
    End If
    If lblOperator.Text="-" Then
        '如果先前运算符标志是"-"，则将操作数 1 减去文本框中的数
        TextBox1.Text=Val(lblOperand1.Text)-Val(TextBox1.Text)
        '结果存放回文本框
    End If
    If lblOperator.Text="*" Then
        '如果先前运算符标志是"*"，则将操作数 1 乘上文本框中的数
        TextBox1.Text=Val(lblOperand1.Text) * Val(TextBox1.Text)
        '结果存放回文本框
    End If
    If lblOperator.Text="/" Then
        '如果先前运算符标志是"/"，则将操作数 1 除以文本框中的数
        TextBox1.Text=Val(lblOperand1.Text)/Val(TextBox1.Text)
        '结果存放回文本框
    End If
    lblOperand1.Text=TextBox1.Text     '将运算结果存入操作数 1
    lblOperator.Text="+"           '将运算符标志设为当前单击的运算符“加号”
    lblFlag.Text="1"               '设置接下来输入的是第一位数字
```

```
End Sub
Private Sub btClear_Click(…) Handles btClear.Click                '******按钮“C”
    TextBox1.Text="0"                        '设置 TextBox1 的 Text 为 0
    lblFlag.Text="0"                      '设置接下来输入的不是第一位数字
    lblOperand1.Text="0"                  '设置第一个操作数为 0
    lblOperator.Text=""                   '设置运算符标志为空
End Sub
Private Sub btEqual_Click(…) Handles btEqual.Click                '******按钮“=”
    If lblOperator.Text="+" Then
        '如果先前运算符标志是"+", 则将操作数 1 加上文本框中的数
        TextBox1.Text=Val(lblOperand1.Text)+Val(TextBox1.Text)
        '结果存放回文本框
    End If
    If lblOperator.Text="-" Then
        '如果先前运算符标志是"-", 则将操作数 1 减去文本框中的数
        TextBox1.Text=Val(lblOperand1.Text) - Val(TextBox1.Text)
        '结果存放回文本框
    End If
    If lblOperator.Text="*" Then
        '如果先前运算符标志是"*", 则将操作数 1 乘上文本框中的数
        TextBox1.Text=Val(lblOperand1.Text) * Val(TextBox1.Text)
        '结果存放回文本框
    End If
    If lblOperator.Text="/" Then
        '如果先前运算符标志是“/”, 则将操作数 1 除以文本框中的数
        TextBox1.Text=Val(lblOperand1.Text)/Val(TextBox1.Text)
        '结果存放回文本框
    End If
    lblOperator.Text=""                   '将运算符标志为空
    lblOperand1.Text="0"                  '将操作数 1 清 0
    lblFlag.Text="1"                      '设置接下来输入的是第一位数字
End Sub
Private Sub bt1_Click(…) Handles bt1.Click                '******按钮“1”
    If lblFlag.Text="1" Then              '如果输入的是第一位数字
        TextBox1.Text="1"                 '设置 TextBox1 的 Text 为 1
        lblFlag.Text="0"                  '设置接下来输入的不是第一位数字
    Else
        TextBox1.Text=Val(TextBox1.Text) * 10+1     '设置 TextBox1 的 Text 为原有数
乘以 10 加 1
    End If
End Sub
Private Sub Form1_DoubleClick(…) Handles MyBase.DoubleClick '******双击窗体
```

```
    If Me.Width=180 Then'设置窗体的展开或折叠
        Me.Width=Me.Width+120
        lblTip.Text="<<双击窗体可折叠"
    Else
        Me.Width=Me.Width-120
        lblTip.Text="双击窗体可展开>>"
    End If
End Sub
```

上述程序代码省略了“减”“乘”和“除”的代码，可仿照“加”编写；还省略了数字按钮“0”、“2”～“9”的代码，可仿照数字按钮“1”的代码编写。

3. 实验内容

实验 3.1　简易计算器

在窗体上建立若干按钮、文本框和标签，实现整数的加、减、乘、除，并可清除文本框的内容。单击“=”按钮，在文本框中显示运算结果。程序运行界面如图 3.4 所示。

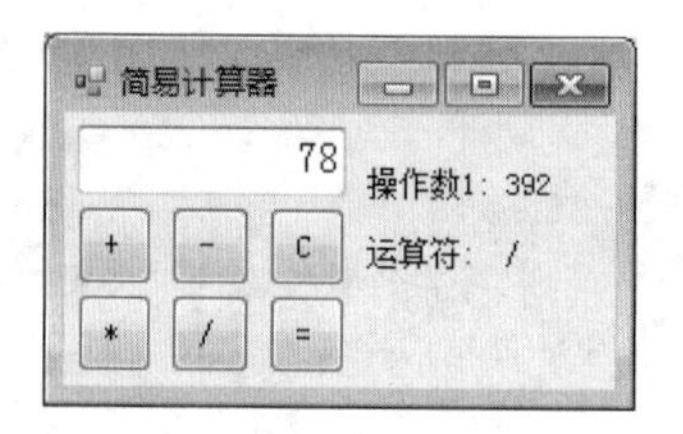

图 3.4　简易计算器

参考建议：为了便于处理，在窗体右侧建立临时变量（标签）存放区：“操作数 1”和“运算符”。单击“+”“-”“*”或“/”按钮，先保存“操作数 1”和“运算符”；再将文本框中的内容清 0，并将焦点移到文本框。单击“C”按钮，先将文本框和“操作数 1”清 0，再将“运算符”清空，并将焦点移到文本框。单击“=”按钮，将“文本框当前数”与“操作数 1”存储在“运算符”中进行计算，最后将结果显示在文本框中。

实验 3.2　字体控制器

在窗体上建立若干文本框、分组框、单选按钮和复选框，实现简单的字体格式设置。程序运行界面如图 3.5 所示。

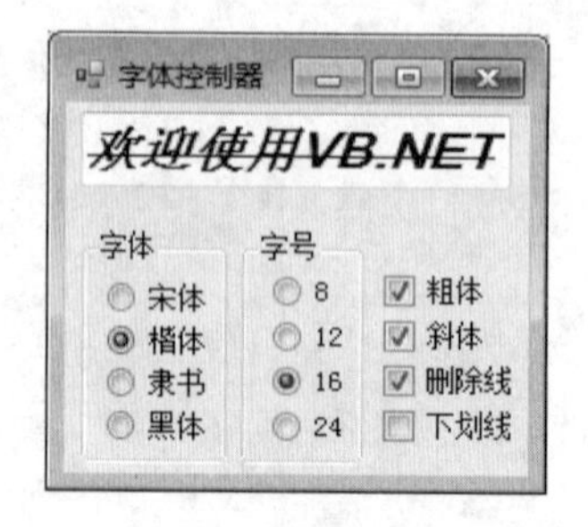

图 3.5　字体控制器

要求：能对文本框中的文字进行简单的字体格式设置，可设为“宋体”“楷体”“隶书”“黑体”8 磅、12 磅、16 磅、24 磅、“粗体”“斜体”“删除线”和“下画线”。其中，字体和字号使用单选按钮控件，并通过分组框进行分组，字形使用复选框控件。

参考建议：使用共享事件进行处理。

实验 3.3　简易剪贴板

左右文本框中的文字可以高亮选中或选择插入点，通过右边的按钮，实现文字的剪切、复制、移动和粘贴功能。窗体下方是剪贴板文本框和左右文本框标记标签。图 3.6 是选中左边文本框的“面向对象”后，单击“复制”按钮送往剪贴板，然后在右边文本框的“Visual Basic.NET”前设置插入点，最后单击“粘贴”按钮的运行结果。

要求：利用文本框的 SelectionLength、SelectionStart、SelectedText 属性对文本框中的文字实现“剪切”“复制”和“粘贴”功能。

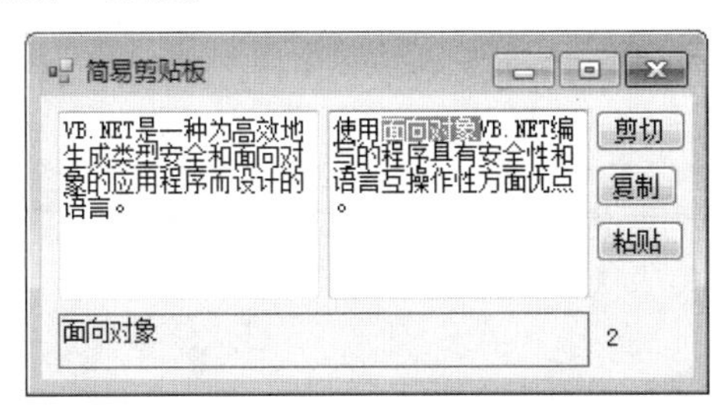

图 3.6　简易剪贴板

参考建议：下方的文本框类似于剪贴板，用于存放剪切或复制的文本，标签表示单击“剪切”和“复制”按钮后要放入下方文本框的内容是上方哪一个文本框（标签内容可以在上方文本框的 GotFocus 事件中标记）。

实验 3.4　对象的三要素

在窗体上建立若干分组框、命令按钮、文本框、单选按钮、复选框和标签。在“属性”分组框中，通过复选框设置文本框的属性；在“方法”分组框中，通过按钮调用文本框的方法；在“事件”分组框中，标签可显示单击或修改文本框所触发的事件名称。程序运行界面如图 3.7 所示。

图 3.7　对象的三要素

参考建议：在“属性”分组框中，使用了文本框的 Visible、Enabled、ReadOnly 和 PasswordChar 属性；在“方法”分组框中，使用了文本框的 Focus 和 Clear 方法；在“事件”分组框中，使用了按钮的 Click 事件、文本框的 GotFocus 和 TextChanged 事件、复选框的 CheckedChanged 事件和单选按钮的 CheckedChanged 事件。

实验 4 选 择 结 构

1. 实验目的

（1）掌握 if 语句的使用。
（2）掌握 Select 语句的使用。
（3）掌握 InputBox()和 MsgBox()的使用。

2. 实验范例

例题 4.1　三个数的排序

在文本框中分别输入三个数，单击“排序”按钮，将它们按从小到大的顺序排列。程序运行界面如图 4.1 所示。

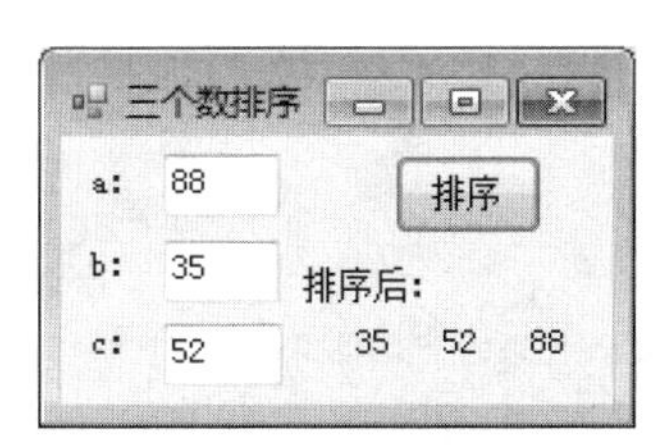

图 4.1　三个数排序

设计分析：Button1 表示“排序”，TextBox1～TextBox3 分别用于输入三个数 a、b 和 c，Label4 用于输出排好序的三个数。将三个数按从小到大的顺序排列的算法是：先比较第一个数和第二个数，如果第一个数大于第二个数则交换这两个数；接下来比较第一个数和第三个数，如果第一个数大于第三个数则交换这两个数；接下来比较第二个数和第三个数，如果第二个数大于第三个数则交换这两个数。

程序代码：

```
Private Sub Button1_Click(…) Handles Button1.Click                  '******排序
    Dim a,b,c,d,t As Integer
    a=Val(TextBox1.Text) : b=Val(TextBox2.Text) : c=Val(TextBox3.Text) '输入 3
个数
    If a>b Then                          '如果 a 大于 b，则交换 a 和 b
        t=a : a=b : b=t
    End If
    If a>c Then                          '如果 a 大于 c，则交换 a 和 c
```

```
        t=a : a=c : c=t
    End If
    If b>c Then                         '如果b大于c，则交换b和c
        t=b : b=c : c=t
    End If
    Label4.Text=Str(a)+"  "+Str(b)+"  "+Str(c)          '输出排好序的结果
End Sub
```

例题 4.2　计算成绩等级分

设计一个计算成绩等级的程序，百分制成绩（不含小数）与等级表示的对应关系是：90 分为优，80～89 分为良，70～79 分为中，60～69 分为及格，60 分以下为不及格。单击“计算等级”按钮，在输入框中输入百分制成绩（如果输入的不是百分制成绩则提示出错，并要求再次输入成绩直至输入正确），在标签中输出该百分制成绩的等级。程序运行界面如图 4.2 所示。

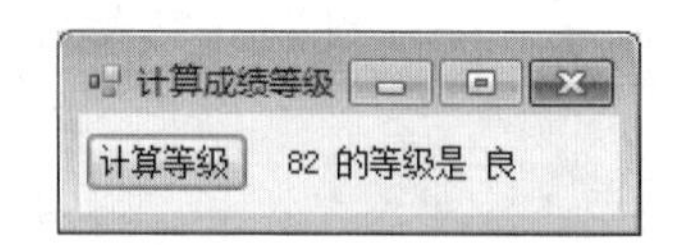

图 4.2　计算成绩等级

设计分析：Button1 表示“计算等级”；Label1 用于输出百分制成绩的等级。首先使用“Do While…Loop”语句控制输入 0～100 之间的分数；根据分数判断它对应的等级可使用“Select…Case”或“If…Then…ElseIf…Else”语句。

程序代码：

```
Private Sub Button1_Click(…) Handles Button1.Click   '******计算等级
    Dim score As Integer,grade As String           '百分制分数、等级
    score=InputBox("输入 0～100 的分数","成绩输入")   '键盘输入百分制分数赋给 score
    Do While Val(score)<0 Or Val(score)>100        '如果输入的不是百分制成绩
        MsgBox("成绩超出范围",MsgBoxStyle.Exclamation, "输入出错")   '提示出错
        score=InputBox("继续输入分数","成绩输入")'继续输入分数，直至 0～100
    Loop
    Select Case score
        Case Is>=90                             'score 在 90～100 之间时
            grade="优"
        Case 80 To 89                           'score 在 80～89 之间时
            grade="良"
        Case Is>=70                             'score 在 70～79 之间时
            grade="中"
        Case 60,61,62,63 To 69                  'score 在 60～69 之间时
            grade="及格"
        Case Else                               'score 在 0～59 之间时
            grade="不及格"
    End Select
    Label1.Text=Str(score) & " 的等级是 " & grade          '输出等级
End Sub
```

3. 实验内容

实验 4.1　四个数排序

在文本框中输入四个数，分别单击“升序排列”和“降序排列”按钮，在下方的标签中显示排序的结果。程序运行界面如图 4.3 所示。

图 4.3　四个数排序

实验 4.2　计算分段函数

单击窗体，计算分段函数：

$$y=\begin{cases} 5x & (x<1) \\ x-1 & (1\leqslant x<2) \\ x^2-2x+1 & (x\geqslant 2) \end{cases}$$

利用 InputBox 输入框输入 x 的值，如图 4.4 所示；利用 MsgBox 信息框输出 y 的值，如图 4.5 所示。

图 4.4　利用 InputBox()函数输入 x

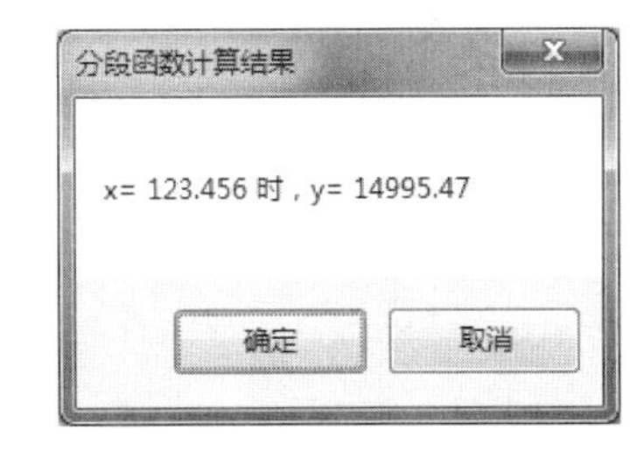

图 4.5　利用 MsgBox()函数输出

参考建议：①在窗体控件的 Click 事件响应过程中编写代码；②利用 InputBox()函数和 MsgBox()函数实现输入和输出；③选择结构可以使用 if 语句或者 Select 语句实现。

实验 4.3　计算个人所得税

给定税前工资，按照表 4.1 列出的个人所得税税率表计算个人所得税和税后工资。表中应纳税所得额是指纳税人的税前工资首先扣除社保费用（如养老金、住房公积金、医疗保险金、失业保险金等），然后再扣除国家规定的 5 000 元免征额之后的金额。本题中假设社保费用为税前工资的 18%。速算扣除数是指为解决超额累进税率分级计算税额的复杂技术问题，而预先计算出的一个数据。

个人所得税的计算公式是：个人所得税=应纳税所得额×适用税率-速算扣除数

税后工资的计算公式是：税后工资=税前工资-社保费用-个人所得税。

例如，税前工资为 10 000 元，社保费用为 10 000×18%等于 1 800 元，应纳税所得额为 10 000-1 800-5 000 等于 3 200 元，则适用的税率为 10%，速算扣除数为 210，个人所得税=3 200 ×10%-210 等于 110 元。税后工资为 10 000-1 800-110 等于 8 090 元，如图 4.6 所示。

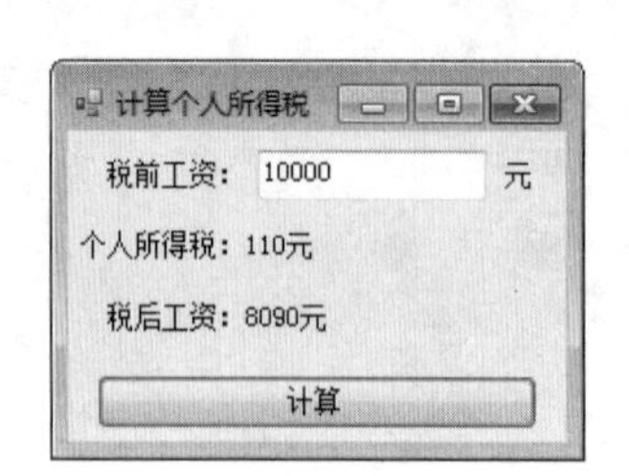

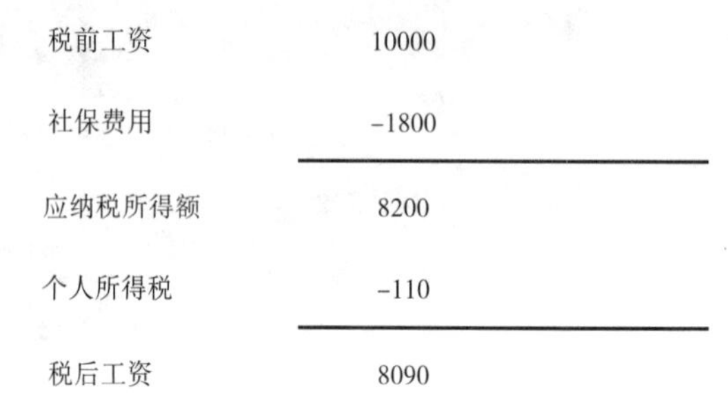

图 4.6　计算个人所得税

表 4.1　个人所得税税率表（工资薪金所得适用）

级　　数	应纳税所得额/元	税率/%	速算扣除数
1	不超过 3 000	3	0
2	3 000～12 000	10	210
3	12 000～25 000	20	1 410
4	25 000～35 000	25	2 660
5	35 000～55 000	30	4 410
6	55 000～80 000	35	7 160
7	超过 80 000	45	15 160

实验 5 循环结构（一）

1. 实验目的

（1）掌握 Do 语句的应用。
（2）掌握 For 语句的应用。
（3）理解循环三要素。

2. 实验范例

例题 5.1 计算正弦级数的前 *n* 项和

设计一个计算正弦级数前 *n* 项和的程序。在文本框中分别输入 *x* 和 *n*，单击“求前 *n* 项和”按钮，按公式 $\sin x = x - \frac{x^3}{3!} + \frac{x^5}{5!} - \frac{x^7}{7!} + \cdots$ 计算前 *n* 项的和，在下方的标签中输出该计算值。程序运行界面如图 5.1 所示。

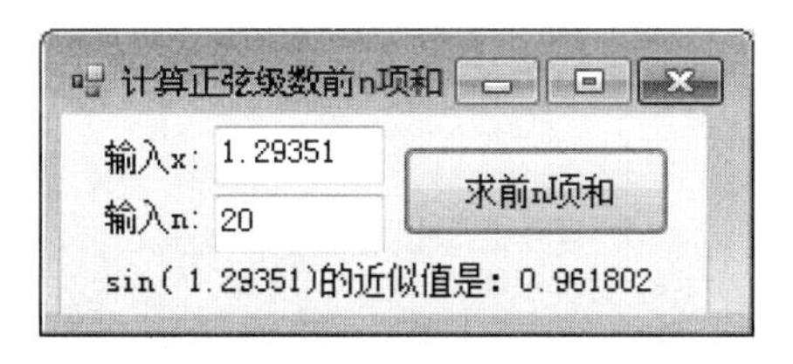

图 5.1 计算正弦级数前 n 项和

设计分析：由于求前 n 项和的循环次数确定，因此使用“For...Next”语句格式最方便。计算级数的步骤一般为：①特殊项先赋给 s；②规律项分解成各个因子，按自身规律逐次变化；③控制累加符号。

程序代码：

```
Private Sub Button1_Click(…) Handles Button1.Click              '******求 sin 的前 n 项和
    Dim i,n,flag,k As Integer,s,x,item,pow,t As Double
   x=Val(TextBox1.Text) : n=Val(TextBox2.Text)    '将两个文本框的内容赋给 x 和 n
    s=x                              '给 s 赋特殊项的值
    flag=-1                          'flag 用于符号控制
    pow=x * x * x : k=3 : t=6'pow 是控制分子的变化; t 控制分母阶乘的变化, 借用 k
```

```
    For i=2 To n                              '循环从 2 到 n，循环 n-1 次（扣除 1 项特殊项）
        item=flag * pow/t                     '求第 i 项的值
        s=s+item                              '将第 i 项的值累加到和中
        flag=-flag                            '符号位交替变化
        pow=pow * x * x                       '每次增加 x*x
        k=k+2 : t=t * (k-1) * k               '下一次阶乘：k 控制阶乘的变数，t 是阶乘结果
    Next
    Label3.Text="Sin(" & Str(x) & ")的近似值是：" & Format(s, "0.000000")
                                              '输出结果
End Sub
```

例题 5.2　求 e 的近似值

设计一个利用公式 $e=1+\frac{1}{1!}+\frac{1}{2!}+\frac{1}{3!}+\cdots+\frac{2}{n!}$ 求 e 的近似值的程序，直到精度达到 10^{-5}。单击“求 e 的近似值”按钮，在下方的标签中输出精度达到 10^{-5} 时 e 的近似值。程序运行界面如图 5.2 所示。

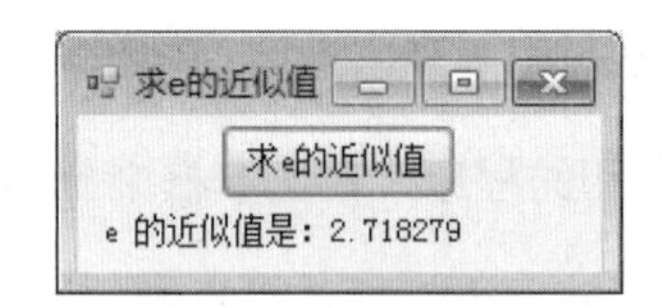

图 5.2　求 e 的近似值

设计分析：Button1 表示“求 e 的近似值”；Label1 用于输出 e 的近似值。由于循环次数不确定，因此采用“Do...Loop Until”语句，i!的计算利用前一次循环中所求得的(i−1)的阶乘再乘以 i 得到。

程序代码：

```
Private Sub Button1_Click(...) Handles Button1.Click          '******求 e 的近似值
    Dim i As Integer,s,item,t As Double
    s=1                                       '将特殊项的值赋给累加器 s
    t=1                                       '将 1!赋给阶乘 t
    item=1 / t                                '项值初始化
    i=1                                       '分母阶乘计数器
    Do
        s=s+item                              '将第 i 项的项值累加到累加器 s
        i=i+1                                 '修改 i 的值
        t*=I                                  '计算新的阶乘
        item=1/t                              '合成新的项值
    Loop Until(Abs(item)<0.00001)             '直到某项值的绝对值小于 0.00001，循环结束
    Label1.Text="e 的近似值是：" & Format(s,"0.000000")          '输出结果
End Sub
```

3. 实验内容

实验 5.1 计算 π 的近似值

设计一个运用公式 $\frac{\pi}{4}=1-\frac{1}{3}+\frac{1}{5}-\frac{1}{7}+\cdots$ 计算 π 近似值的程序。单击“输入 n 并计算 π”按钮，在输入框中输入 n 的数值；然后，将计算出的 π 近似值显示在下方标签中。程序运行结果如图 5.3 所示。

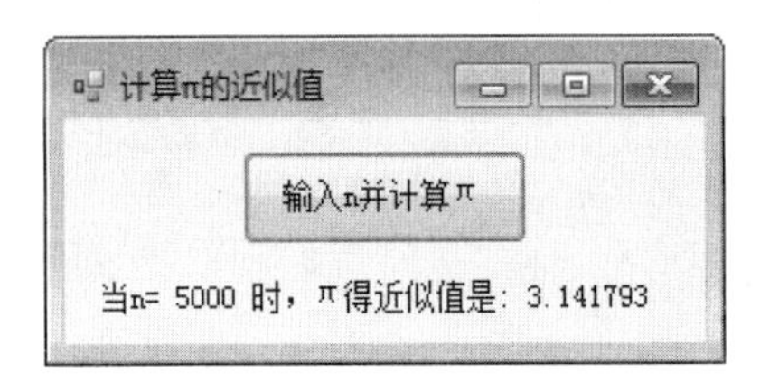

图 5.3 计算 π 的近似值

参考建议：利用 InputBox()函数输入 n，先按公式求出前 n 项和 s，那么 4*s 就是 π 的近似值。由于循环次数确定，可以使用“For...Next”语句实现。

实验 5.2 计算余弦级数前 n 项和

设计一个计算余弦级数前 n 项和的程序。在文本框中分别输入 x 和 n，单击“求余弦级数的前 n 项和”按钮，按公式 $\cos x=1-\frac{x^2}{2!}+\frac{x^4}{4!}-\frac{x^6}{6!}+\cdots$ 计算前 n 项的和，在下方的标签中输出该计算值。程序运行界面如图 5.4 所示。

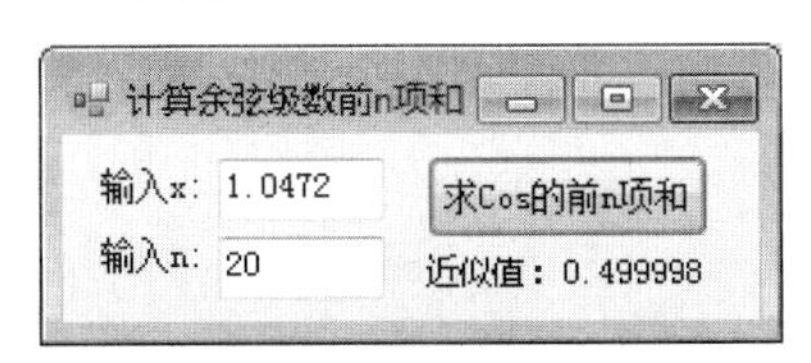

图 5.4 计算余弦级数前 n 项和

参考建议：由于循环次数确定，可以使用“For...Next”语句实现。

实验 5.3 猜数字

计算机随机生成一个 1～100 之间的整数 number，用户猜这个数字是多少？如果用户猜的数字 guess 比 number 大，显示“Too large.”，并继续让用户猜；如果用户猜的数字 guess 比 number 小，显示“Too small.”，并继续让用户猜；如果用户猜的数字 guess 和 number 相等，显示“Well done!”，程序结束。要求：使用控制台应用程序完成题目功能。程序运行界面如图 5.5 所示。

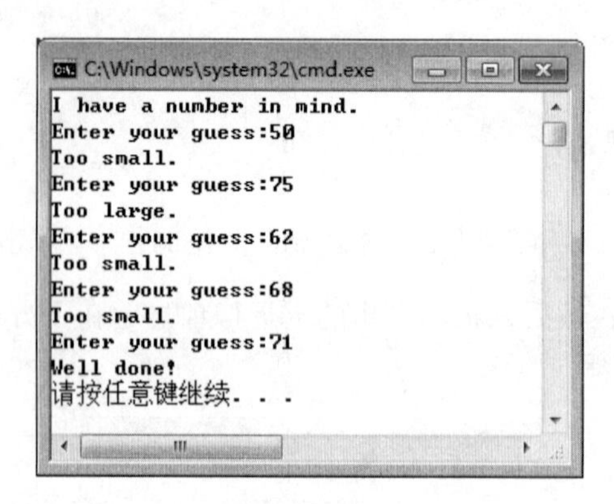

图 5.5　猜数字

实验 5.4　求级数的近似值

计算级数 $S=1+\frac{3x}{1\times2}-\frac{5x^2}{2\times3}+\frac{7x^3}{3\times4}-\frac{9x^4}{4\times5}+\cdots$，直到最后一项的绝对值小于 10^{-5}。在文本框中输入 x，单击“计算”按钮，在标签中输出计算结果。程序运行界面如图 5.6 所示。

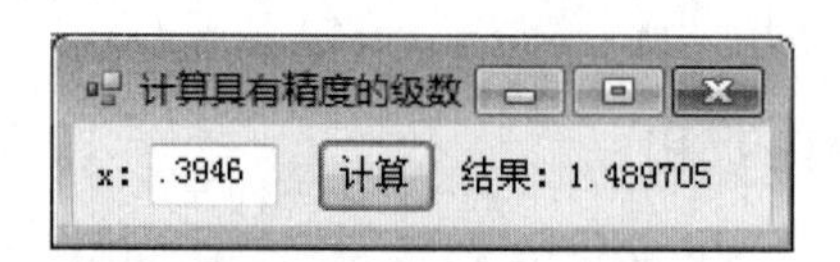

图 5.6　计算具有精度的级数

参考建议：可以使用“Do…Loop Until”语句实现精度控制的循环，循环的结束条件是项值的绝对值小于 0.00001。剔除特殊项，分解规律项的因子，按因子自身规律，进行变化，完成级数计算。

实验 6　循环结构（二）

1. 实验目的

（1）掌握循环嵌套在程序设计中的运用，内外层循环的协调。
（2）掌握 Exit 语句和 Continue 语句的使用。

2. 实验范例

例题 6.1　百鸡问题

公鸡一值钱五，母鸡一值钱三，小鸡三值钱一。百钱买百鸡，问公鸡、母鸡、小鸡各几何？

设计分析：公元前五世纪，我国古代数学家张丘建在《算经》一书中提出了“百鸡问题”，这是古代关于不定方程正整数解的典型问题。假设公鸡 x 只、母鸡 y 只、小鸡 z 只，则有：

$$\begin{cases} x+y+z=100 \\ 5x+3y+\dfrac{z}{3}=100 \end{cases}$$

其中，$x\in[0,20]$，$y\in[0,33]$，$z\in[0,100]$。使用计算机穷举所有的可能性，可以得到结果。新建一个控制台应用程序来完成计算。程序运行结果如图 6.1 所示。

程序代码：

```
Module Module1
    Sub Main()
        Dim x,y,z As Integer
        For x=0 To 20
            For y=0 To 33
                z=100-x-y
                If 15 * x+9 * y+z=300 Then
                    Console.WriteLine("公鸡: " & x & " 母鸡: " & y & " 小鸡: " & z)
                End If
            Next
        Next
    End Sub
End Module
```

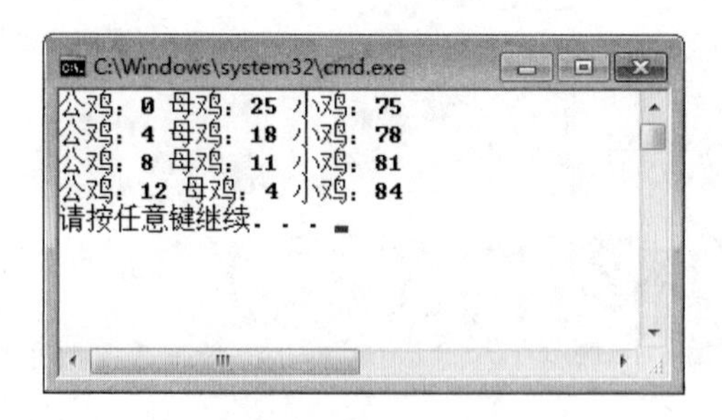

图 6.1　百鸡问题

例题 6.2　输出菱形图案

设计一个输出菱形图案的程序。单击“输出菱形图案”按钮，在文本框中输出菱形图案。程序运行界面如图 6.2 所示。

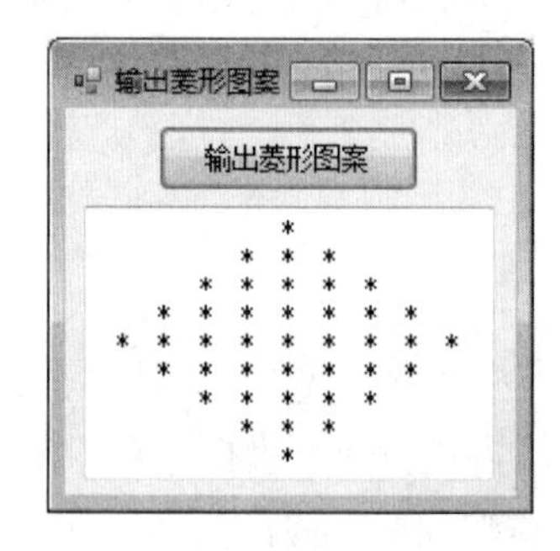

图 6.2　输出菱形图案

设计分析：Button1 表示“输出菱形图案”，TextBox1 用于输出图案。将 TextBox1 的 Multiline 属性设为 True。使用两个二重循环分别输出前 5 行（上三角形）和后 4 行（下三角形）。在第 1 个二重循环中，外层循环控制从 1 到 5 行，内层循环是两个并列的循环，分别是控制空格个数（越来越少）的循环和控制“*”个数（越来越多）的循环；在第 2 个二重循环中，外层循环控制从 4 到 1 行，内层循环是两个并列的循环，分别是控制空格个数（越来越多）的循环和控制“*”个数（越来越少）的循环。

程序代码：

```
Private Sub Button1_Click(…) Handles Button1.Click       '******输出菱形图案
    Dim i,j,k As Integer
    For i=1 To 5                                  '外层循环控制行从 1 到 5（上三角形）
        For j=1 To 5-i                            '第一个内层循环控制空格个数（越来越少）
            TextBox1.Text &= "   "                '每次循环连接三个空格
        Next
        For k=1 To 2 * i-1                        '第二个内层循环控制"*"个数（越来越多）
            TextBox1.Text &= "  " & "*"           '每次循环连接两个空格和一个"*"
        Next
        TextBox1.Text &= vbCrLf                   '一行结束时连接回车换行符
    Next i
    For i=4 To 1 Step -1                          '外层循环控制行从 4 到 1（下三角形）
        For j=1 To 5-i                            '第一个内层循环控制空格个数（越来越多）
```

```
            TextBox1.Text &= "   "                '每次循环连接三个空格
        Next
        For k=1 To 2 * i-1                        '第二个内层循环控制"*"个数（越来越少）
            TextBox1.Text &= "  " & "*"           '每次循环连接两个空格和一个"*"
        Next
        TextBox1.Text &= vbCrLf                   '一行结束时连接回车换行符
    Next i
End Sub
```

3. 实验内容

实验 6.1 求 3～300 之间的所有素数

单击“输出素数”按钮，在文本框中输出 3～300 之间的所有素数，每行输出 9 个素数。要求格式对齐，程序运行界面如图 6.3 所示。

参考建议：将文本框设为多行显示。使用二重循环，外层循环控制 3～300 的遍历，内层循环完成某数（外层循环的循环变量）的素数判断。使用素数个数计数器，控制素数输出时的换行。换行时，将文本框连接 vbCrLf 字符。如果想对齐排列，还要适当添加 1～2 个空格。

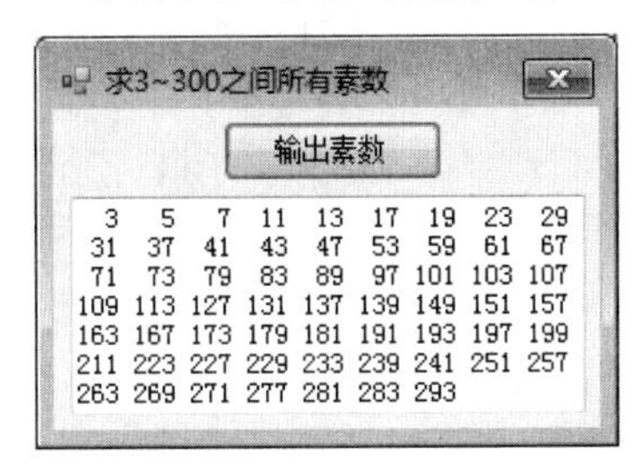

图 6.3 求 3～300 之间的所有素数

实验 6.2 输出三角形图案

在窗体上建立文本框作为输出三角形图案的画布。分别单击“左上角”“右上角”“左下角”和“右下角”按钮，输出相应的“左上角”“右上角”“左下角”和“右下角”的三角形图案。单击“右上角”按钮后的程序运行界面如图 6.4 所示。

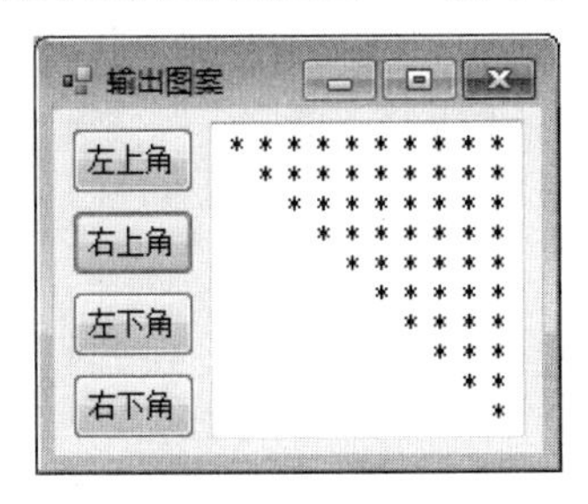

图 6.4 输出三角形图案

参考建议：将文本框设为多行显示。使用二重循环，外层循环控制行从 1～10，内层循环是两个并列的循环，分别控制空格个数（每次 2 个空格）的循环和控制“*”个数（空格跟星号）的循环。循环控制难度依次为“左下角”“左上角”“右下角”和“右上角”。掌控空格与星号的递增和递减关系是绘制三角形的关键。

实验 6.3　求完全数

单击“求完全数”按钮，在文本框中输出 500 以内的所有完全数及它们的因子。程序运行界面如图 6.5 所示。所谓完全数指的是一个数恰好等于它的所有因子之和。例如 6 的因子是 1、2、3，且 1+2+3=6，则 6 是完全数；28 的因子是 1、2、4、7、14，且 1+2+4+7+14=28，则 28 是完全数。

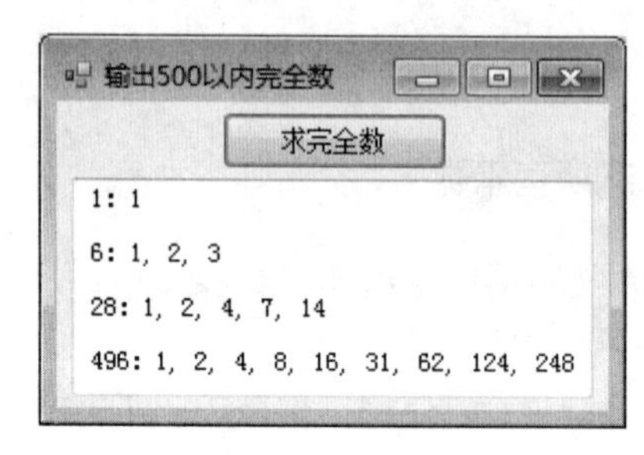

图 6.5　求完全数

参考建议：可以使用二重循环，外层循环遍历 1～500（假设外层循环变量是 n），内层循环从 1 到 n/2 中查找其所有因子（能整除 n 的就是因子）。如果将这些因子加起来正好等于 n，那么 n 就是要找的完全数。

实验 7 数 组（一）

1. 实验目的

（1）掌握数组的声明和引用。
（2）掌握一维数组的基本处理方法。
（3）掌握二维数组的基本处理方法。
（4）掌握动态数组的使用方法。

2. 实验范例

例题 7.1 求数组中比平均值大的元素个数

随机生成 10 个 1～100 之间的整数，存储在数组 numbers 中，统计出比平均值大的元素个数。单击“生成数组”按钮，数组元素显示在窗体上方的文本框中，大于平均值的元素个数显示在窗体下方的标签中。程序运行结果如图 7.1 所示。

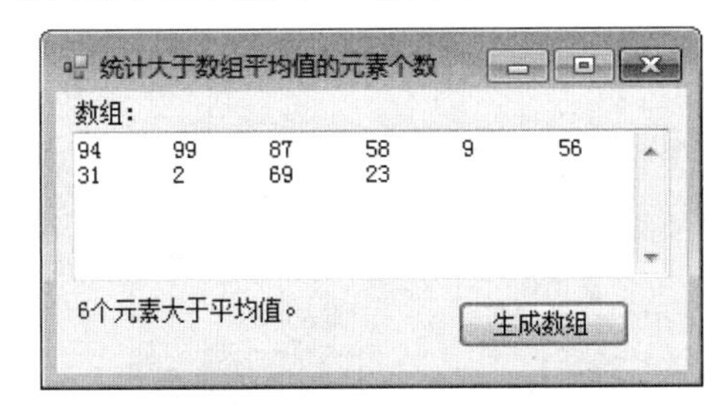

图 7.1 统计大于数组平均值的元素个数

设计分析：先计算出数组的平均值，然后再遍历数组，统计出比平均值大的元素个数。

程序主要代码：

```
Const ARRAY_SIZE As Integer=10
Dim numbers(0 To ARRAY_SIZE-1) As Integer
Dim average As Single=0        '平均值
Dim output As String=""        '输出数组元素字符串
Dim cout As Integer=0          '大于平均值的元素个数计数器
Randomize()                    '初始化随机数发生器
For i As Integer=0 To numbers.Length-1        'numbers.Length 是数组元素个数
   numbers(i)=Int(Rnd() * 100+1)              '随机产生 1～100 之间的整数
   output=output & numbers(i) & vbTab         '数组元素输出字符串
```

```
        average+=numbers(i)                          '累计元素值
    Next
    average/=numbers.Length                          '计算平均值
    For i As Integer=0 To numbers.Length-1
        If numbers(i)>average Then cout+=1            '遍历数组，计数大于平均值的元素
    Next
    TextBox1.Text=output : Label1.Text=cout '文本框控件显示数组元素；标签显示计数器个数
```

例题 7.2　求最短距离的两点

坐标轴上分布着一些点，如图 7.2 所示，编程求这些点之间哪两个点之间的距离最短。程序运行结果如图 7.3 所示（说明：为了简化计算，这里只给出 6 个点，实际应用中可能遇到成千上万的坐标点，例如在电子地图中寻找离某点最近的加油站位置。）。

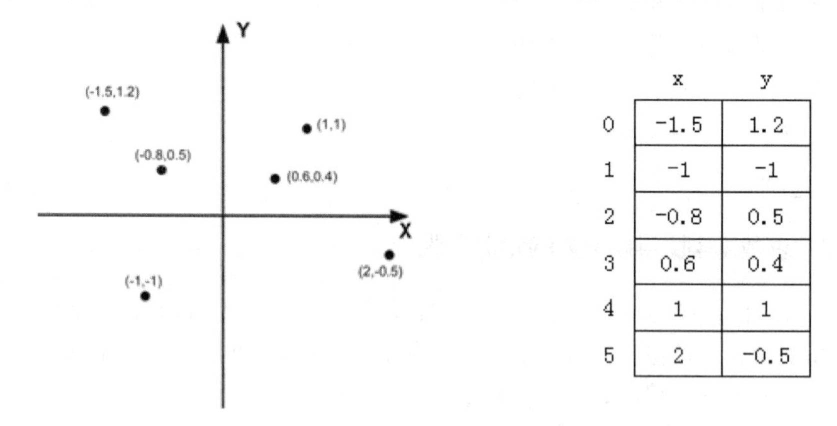

图 7.2　点的坐标可以用一个二维数组来表示，数组的每一行代表一个点

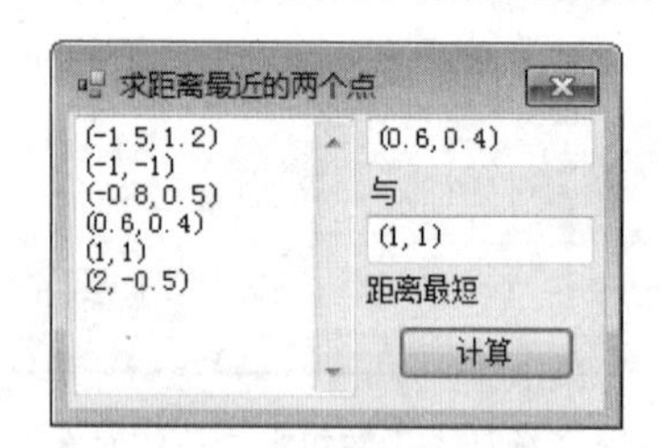

图 7.3　求距离最近的两个点

设计分析：TextBox1 表示分布着的点坐标数据；TextBox2 和 TextBox3 分别显示其中最短两点的坐标；Button1 表示“计算”。任何一个点坐标（x,y）都可以用一个二维数组表示。通过初始化赋值点坐标的二维数组，然后利用两点间距离公式求出所有两点之间的距离，从中找到最短的距离以及它们对应的点坐标。points(i,0)表示第 i 点的 x 坐标；points(i,1)表示第 i 点的 y 坐标。

程序代码：

```
Private Sub Button1_Click(…) Handles Button1.Click
    Dim points(,) As Double={{-1.5,1.2},{-1,-1},{-0.8,0.5}, _
                             {0.6,0.4},{1,1},{2,-0.5}}
    Dim output As String = ""
```

```
    Dim i%, j%
    '输出每一个点
    For i=0 To UBound(points,1)
        output &= "(" & points(i,0) & "," & points(i, 1) & ")" & vbCrLf
    Next
    TextBox1.Text=output

    'p,q 用来记录当前最小距离的两个点
    '初始时认为点 0 和点 1 之间距离最短
    Dim p%=0,q%=1
    'min 表示当前最小距离的平方
    '初始时则为点 0 和 1 之间的距离的平方
    Dim min#=(-1.5-(-1))^2+(1.2-(-1))^2
    'd 表示两点间距离的平方
    Dim d#
    '遍历任意两点的距离
    For i=0 To UBound(points,1)-1
        For j=i+1 To UBound(points,1)
            '计算点 i 和点 j 之间的距离的平方
            d=(points(i,0)-points(j,0))^2+ _
            (points(i,1)-points(j,1))^2
            '如果出现更小的距离，则记录当前的两个点
            If d<min Then
                min=d
                p=i
                q=j
            End If
        Next
    Next
    '输出第 1 个点
    TextBox2.Text="(" & points(p,0) & "," & points(p,1) & ")"
    '输出第 2 个点
    TextBox3.Text="(" & points(q,0) & "," & points(q,1) & ")"
End Sub
```

3. 实验内容

实验 7.1　交换数组元素位置

随机生成 10 个 1～100 之间的整数，存放在数组 a 中。单击“执行”按钮后：①输出数组 a，找出最大、最小值元素及其下标，并交换这两个元素的位置；②输出交换后的 a 数组。程序运行界面如图 7.4 所示。

要求：数组元素按制表符对齐方式输出。

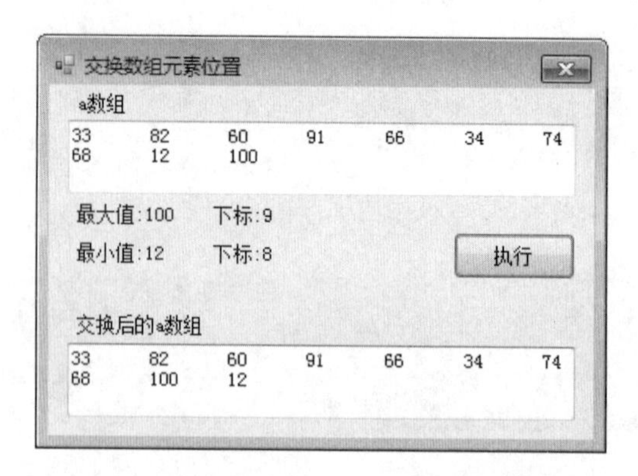

图 7.4　查找最大和最小元素并交换位置

参考建议：找到最大值、最小值的同时，应该同时记住其下标，这样最后才能进行交换。

实验 7.2　有条件转存数组元素

随机生成 20 个 13～58 之间的整数，依次存放在数组 a 中。单击“计算”按钮完成以下任务：①求出该数组的平均值；②将 a 中大于平均值的偶数转存到数组 b 中。程序运行结果如图 7.5 所示。

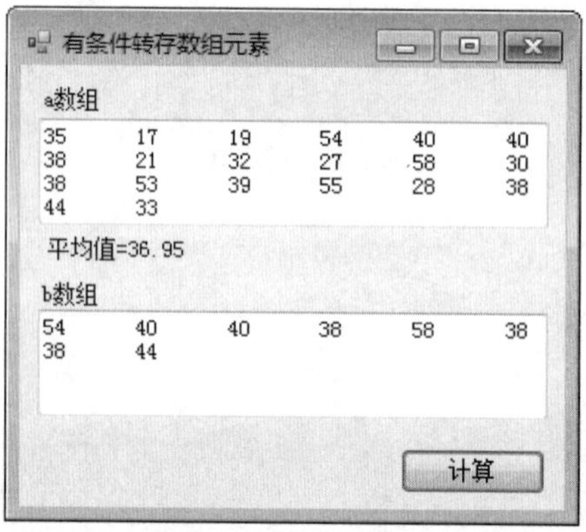

图 7.5　查找最大和最小元素并交换位置

参考建议：随机产生[a,b]范围的整数公式为 Int(Rnd*(b−a+1)+a)。如果 a(i) Mod 2=0 成立，则该数组元素为偶数。使用一个变量 p 记录当前要保存的符合条件的数组 a 中的元素在数组 b 中的位置，每次保存后，将 p 加 1，这样以便下次保存符合条件的数组 a 中的元素。

实验 7.3　矩阵处理

生成一个 3×3 矩阵，其元素值为[1,10]之间的随机数，显示在左边文本框中。计算出主对角线上和次对角线上的全部元素之和。交换第 1 行和第 3 行的元素后显示在右边文本框中。程序运行结果如图 7.6 所示。

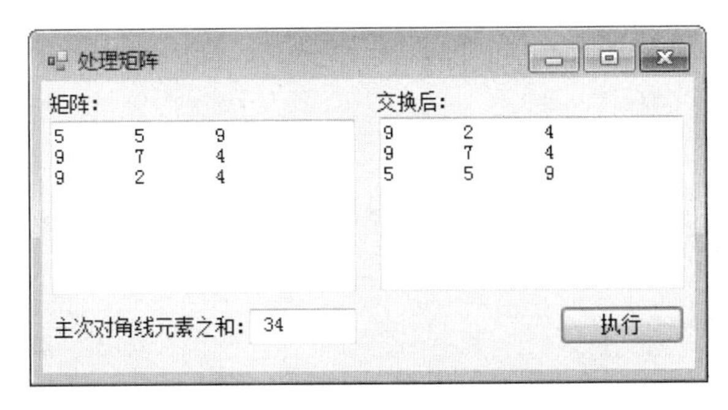

图 7.6　矩阵处理

参考建议：外层循环 i 控制行；内层循环 j 控制列，a(0,j)与 a(2,j)交换（j=0～2）。主对角线的条件是 i=j；次对角线的条件是 i+j=2。

实验 8 数组（二）

1. 实验目的

（1）掌握选择排序和冒泡法排序。
（2）掌握使用数组处理集合运算的方法。
（3）掌握结构数组的使用方法。

2. 实验范例

例题 8.1 分发 9 张不重复牌并降序输出

单击“发牌”按钮，完成分发 9 张不重复的牌（1～13 点），并按降序排序后输出。单击 6 次“发牌”按钮，程序运行如图 8.1 所示。

要求：1 和 11～13 分别要转换成 A 和 J、Q、K。

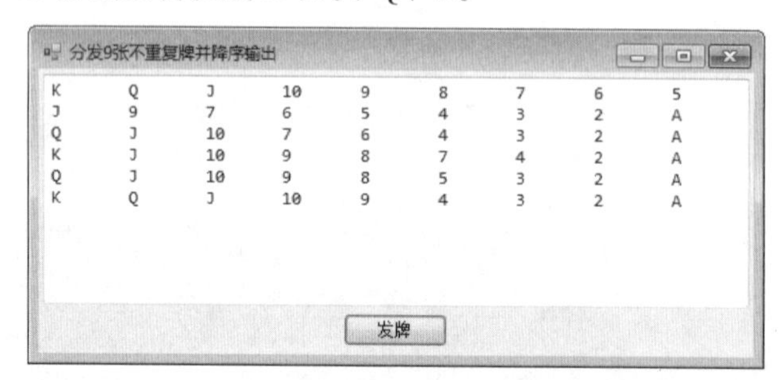

图 8.1 分发 9 张不重复牌并降序输出

设计分析：声明一个整型数组 card(8)用来记录已发出的牌，使用一个整型变量 p 记录数组 card 中已生成牌的元素最大下标。随机产生一个 1～13 之间的整数 num，然后 card 中查找是否已经存在当前 num 值，如果已经存在，则丢弃 num，并重新随机产生一个新的 num；如果不存在，则将 num 放入 card 的 p+1 位置，如此循环，直至数组 card 存满 9 个数，如图 8.2 所示。最后使用冒泡法对数组 card 进行排序。

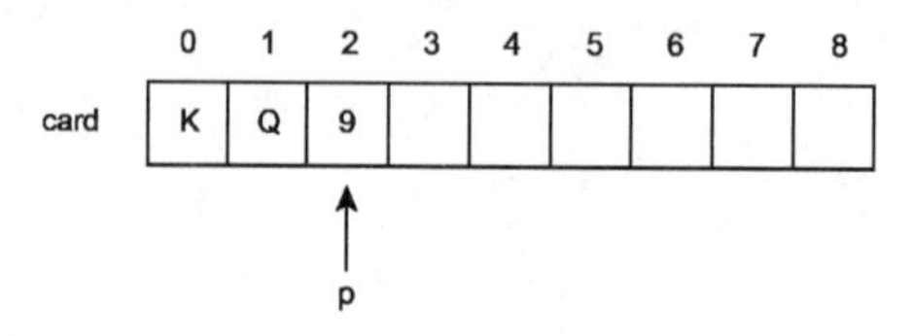

图 8.2 生成不重复的牌

程序代码：

```
Private Sub Button1_Click(…) Handles Button1.Click
    '数组 card 记录 9 张不重复的牌
    Dim card(8) As Integer
    'p 记录数组 card 中存放已生成牌的元素最大下标
    Dim p As Integer
    'num 记录每次生成的随机数
    Dim num As Integer
    Randomize()
    Dim i As Integer
    '生成第一个数并记录其位置
    card(0)=Int(Rnd()*13+1)
    p=0
    '生成数组
    Do While p<8
        num=Int(Rnd() * 13+1)
        For i=0 To p
            If card(i)=num Then
                Exit For
            End If
        Next
        '如果 i>p，说明 num 和数组 card 中所有元素都不重复，将其存储在 card 末尾
        If i>p Then
            p+=1
            card(p)=num
        End If
    Loop
    '使用冒泡法将 card 数组降序排序
    Dim j%,temp%
    For i=1 To 8
        For j=0 To 8-i
            If card(j)<card(j+1) Then
                temp=card(j) : card(j)=card(j+1) : card(j+1)=temp
            End If
        Next
    Next
    '将 1 转换为 A，11～13 转换为 J、Q、K
    Dim output$=""
    For i=0 To 8
        Select Case card(i)
            Case 1
                output &= "A"
            Case 11
```

```
                output &= "J"
            Case 12
                output &= "Q"
            Case 13
                output &= "K"
            Case Else
                output &= card(i)
        End Select
        output &= vbTab
    Next
    TextBox1.Text &= output & vbCrLf
End Sub
```

例题 8.2 求两个集合的交集

集合 A 和集合 B 中各有一些元素，求它们的交集 C。要求：在窗体载入事件中显示集合 A 和集合 B 的元素。单击“计算”按钮，在文本框中输出集合交集 C 中的元素。程序运行界面如图 8.3 所示。

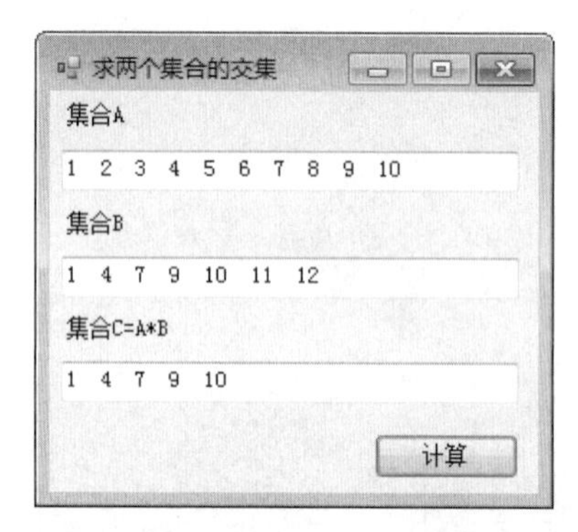

图 8.3 求集合 A 和 B 的交集 C

设计分析：使用数组存储集合 A 和 B，将它们定义成模块级数组变量，通过初始化数组 A 和 B 对集合进行元素赋值。外层循环扫描数组 A，内层循环扫描数组 B。在内层循环中，如果在 B 中找到 A 元素，则将其加入集合（数组）C 中。

程序代码：

```
Public Class Form1
    '将数组 a 和 b 定义为模块级变量
    Dim a() As Integer={1,2,3,4,5,6,7,8,9,10}
    Dim b() As Integer={1,4,7,9,10,11,12}
    '在窗体 Load 事件处理过程中将数组 a 和 b 输出
    Private Sub Form1_Load(…) Handles MyBase.Load
        Dim i As Integer
        '输出数组 a 和 b 中的元素
        For i=0 To a.Length-1
            TextBox1.Text &= a(i) & Space(2)
```

```
        Next
        For i=0 To b.Length-1
            TextBox2.Text &= b(i) & Space(2)
        Next
    End Sub
    '在按钮 Click 事件处理过程中求 a 和 b 的交集
    Private Sub Button1_Click(…) Handles Button1.Click
        Dim c%(a.Length-1),i%,j%,count%
        For i=0 To a.Length-1
            For j=0 To b.Length-1
                If a(i)=b(j) Then
                    c(count)=a(i)
                    count+=1
                    Exit For
                End If
            Next
        Next
        ReDim Preserve c(count-1)
        TextBox3.Text=""
        For i=0 To c.Length-1
            TextBox3.Text &= c(i) & Space(2)
        Next
    End Sub
End Class
```

3. 实验内容

实验 8.1　数组元素的有序插入

数组通过初始化赋值{0,10,20,30,40,50,60,70,80,90}成为有序数组。单击“插入新元素”按钮，可从键盘上输入一个数值（如 33），然后插入到数组合适的位置上，使数组仍然有序。程序运行界面如图 8.4 和图 8.5 所示。

要求：有序的数组元素通过模块级变量的初始化赋值，在窗体载入时就输出数组；数组元素输出格式对齐。

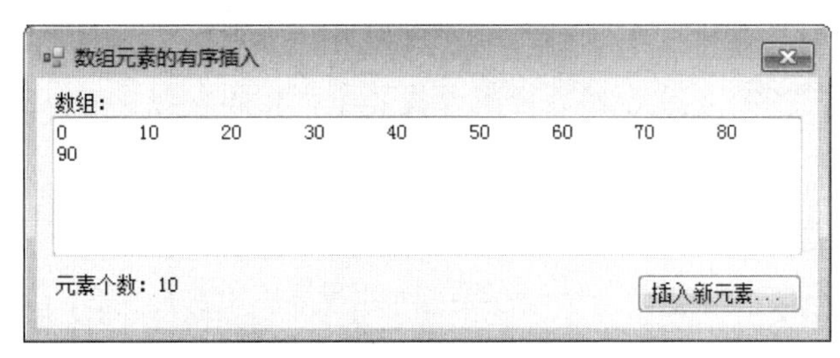

图 8.4　有序数组初始时为 10 个元素

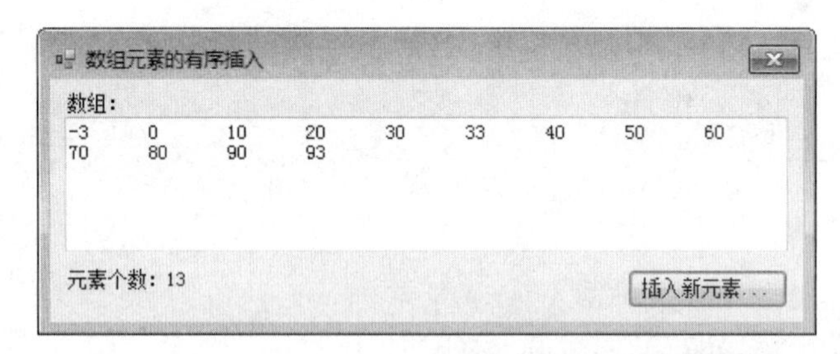

图 8.5　依次插入 33、-3、93 之后数组仍然有序

参考建议：首先使用 InputBox()函数输入一个元素，根据输入值定位插入位置（下标）；接着通过 ReDim 语句和 Preserve 关键字重新定义数组元素个数并保留原有数组内容；然后移动数组元素，腾出空位；最后将新数插入到空位。注意要特别考虑插入的数存储在数组首尾的情况，建议至少依次插入 3 个数（如–3、33、93）来验证程序算法的正确性。

实验 8.2　分发 25 张牌并理好牌

随机产生 25 张牌（1～13 点），存放在数组中。单击“理牌”按钮，根据相同点牌的张数理好牌。例如，“4 张相同点的牌有 K”；“3 张相同点的牌有 5、7、J”；“一对的牌有 A、2、4、8、10”；“单张的牌有 3、6”，程序运行界面如图 8.6 所示。

要求：1 和 11～13 分别要转换成 A 和 J、Q、K。多次单击“理牌”按钮，可以多次随机发牌并理好牌。

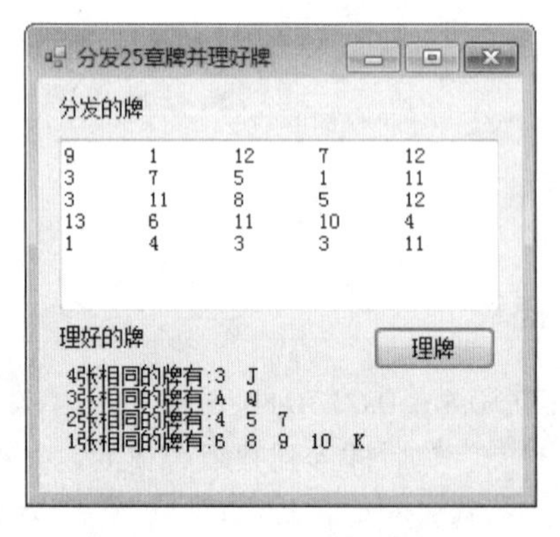

图 8.6　分发 25 张牌并理好牌

参考建议：设置计数器数组 c(13)。c(1)计数 1 点牌的张数、c(5)计数 5 点牌的张数、c(13)计数 K 点牌的张数，其余类推。为了对应更简便，c(0)舍弃不用。对于计数器数组首先要找出最大值 n（相同点牌的最多张数）,、然后依次寻找 n–1 张相同点牌、……、2 张相同点牌、1 张相同点牌。

实验 8.3　集合差运算 C=A–B

集合 A 和集合 B 中各有一些元素，求它们的差集 C。要求：在窗体载入事件中显示集合 A 和集合 B 的元素。单击“计算”按钮，在文本框中输出集合差集 C 中的元素。程序运行界面如图 8.7 所示。

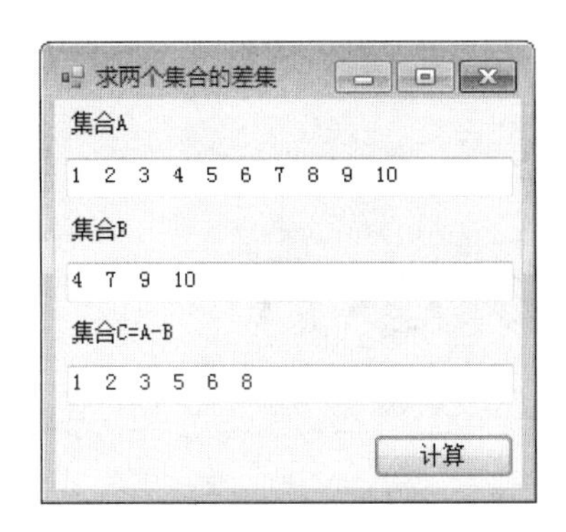

图 8.7　集合差运算 C=A-B

参考建议：使用数组表示集合 A 和 B，将它们定义成模块级数组变量，通过初始化数组 A 和 B 对集合进行元素赋值。外层循环扫描数组 A，内层循环扫描数组 B。在内层循环中，如果在 B 中找到 A 元素，则丢弃该 A 元素；反之，则加入集合（数组）C 中。

实验 8.4　处理结构类型数组

自定义一个学生结构类型 Student，包含学号（id）、姓名（name）、性别（gender）和专业（major）。然后声明一个 Student 类型的动态数组。单击“输入”按钮，可以将“学号”“姓名”“性别”和“专业”信息存入 Student 动态结构数组中。重复上述输入过程，可以在结构数组中添加新的学生信息。程序运行结果如图 8.8 所示。

要求：每次添加新的学生信息后，动态结构数组中的所有学生信息都会按学号升序重新排序。结构数组中元素可以直接赋值进行交换，不必每个分量（成员）各自交换。

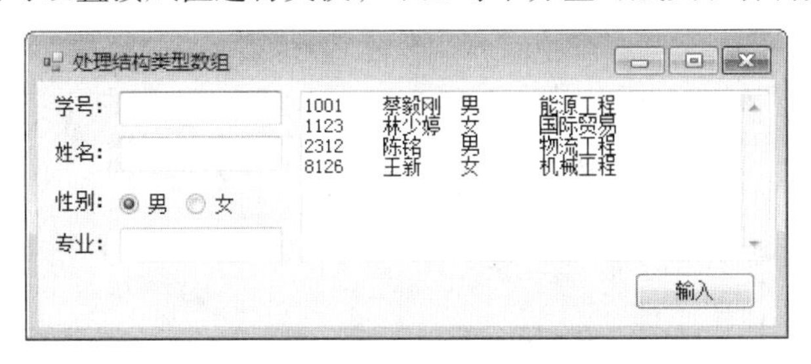

图 8.8　依次输入学生结构类型信息并集中输出

参考建议：在窗体中首先定义结构数据类型 Student，然后声明一个 Student 类型的数组 stu，但不指定该数组元素个数。在“输入”按钮事件响应中，重新分配 stu 的元素个数为单击之前元素个数加 1，并使用 Preserve 关键字保留数组中原有的元素，然后给新增加的元素赋值。由于结构数组支持变量之间的直接赋值，因此可以直接使用冒泡法或选择法对数组 stu 按学号排序，最后将排好序的数组 stu 显示输出。

实验 9 函数过程

1. 实验目的

（1）掌握函数过程的定义、调用方法。
（2）掌握函数过程调用时参数的传递方式和函数值返回。
（3）了解递归过程解决问题的算法步骤。

2. 实验范例

例题 9.1 判断闰年

定义一个函数过程 isLeapYear(year as integer)来判断 year 是否是闰年，如果是闰年，则返回 True，否则，返回 False。利用自定义的函数过程 isLeapYear()输出 20 世纪（1901—2000）所有的闰年。要求：新建一个控制台应用程序完成以上任务；每 10 个闰年占一行。程序运行结果如图 9.1 所示。

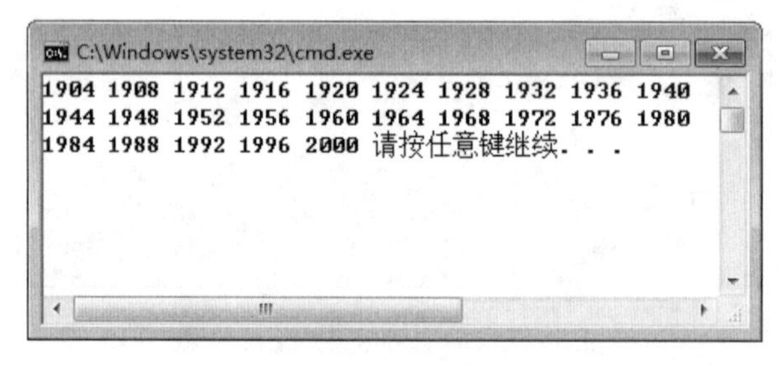

图 9.1 判断闰年

程序代码：

```
Module Module1
    '判断闰年，如果 year 是闰年返回 True，否则返回 False
    Function isLeapYear(ByVal year As Integer) As Boolean
        If year Mod 4=0 And year Mod 100<>0 Or year Mod 400=0 Then
            Return True
        Else
            Return False
        End If
    End Function
```

```
    '在Main()过程中输出20世纪所有的闰年
    Sub Main()
        'count记录当前已经输出的闰年数量
        Dim count%
        count=0
        Dim i%
        For i=1900 To 2000
            If isLeapYear(i)=True Then
                Console.Write(i & " ")
                count+=1
                If count Mod 10=0 Then
                    Console.WriteLine("")
                End If
            End If
        Next
    End Sub
End Module
```

例题 9.2　判断回文

回文是指一个字符序列顺读与倒读数字相同，即最高位与最低位相同，次高位与次低位相同，依次类推。当只有一位数时，也认为它是回文数。在文本框内输入要判断的字符串，单击“判断回文”按钮，结果显示在下面的标签内。如果是回文，则字符串后打“√”；如果不是回文，则字符串后打“×”。运行界面如图 9.2 所示

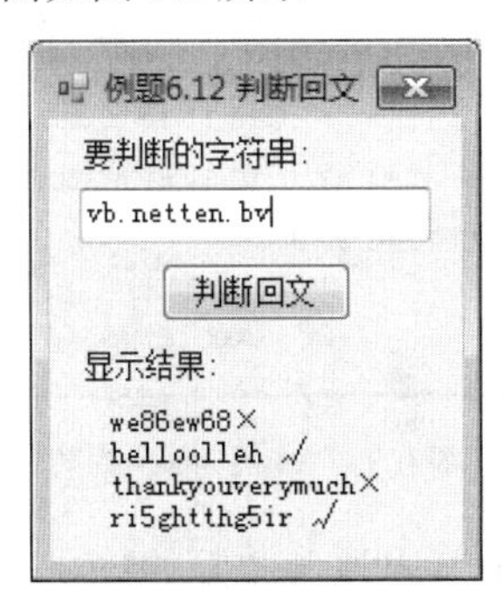

图 9.2　判断回文

设计分析：TextBox1 用于输入待判断回文的字符串；Button1 是“判断回文”按钮；Label3 显示判断结果。定义函数过程 hw(s)判断字符串 s 是否为回文，返回值为布尔型。如果是回文，则返回 True；如果不是回文，则返回 False。对输入的数和字符串（均按字符串类型处理）利用 Mid()函数从两边往中间逐一比较，若不相同，就不是回文数。

程序代码：

```
Function hw(ByVal s$) As Boolean'******函数过程判断字符串是否为回文，返回值为布尔型
    Dim i%, m%
    hw=True                    '函数名赋初值为真
```

```
    s=Trim(s): m=Len(s)         'm 为字符串的长度
    For i=1 To m\2              '从字符串两边往中间逐一比较
        If Mid(s,i,1) <> Mid(s,m - i+1,1) Then hw=False '字符不相同，返回 False
    Next
End Function
Private Sub Button1_Click(…) Handles Button1.Click        '******"判断回文"按钮
    If hw(TextBox1.Text) Then      '通过函数过程判断文本框中输入的是否为回文
        Label3.Text &= TextBox1.Text & " √ "& vbCrLf'若判断为回文，在字符串后面加√
    Else
        Label3.Text &= TextBox1.Text & "×" & vbCrLf     '若判断不是回文，在字符串后
面加×
    End If
    TextBox1.Text=""
End Sub
```

3. 实验内容

实验 9.1　素数问题

求 n 以内的素数。在文本框中输入 n，求 2～n 以内的素数（如 n=100），单击“求素数”按钮，在下方标签中把这些素数以每行 10 个对齐的方式显示出来，运行界面如图 9.3 所示。

要求：定义一个判断素数的函数过程，返回值判定该数是否是素数。

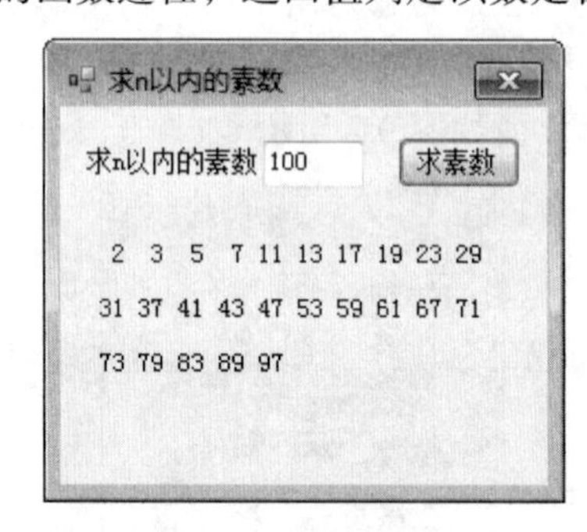

图 9.3　求 n 以内的素数

参考建议：所谓素数，就是只能被 1 和本身整除的数（除 1 以外）。对于素数 t，用 i=2,3,4…t−1 去整除 t，只要有一个能被整除，则 t 不是一个素数；否则 t 是素数。为了提高效率，可将判断范围从 2～t−1，缩减为 2～$\sqrt{t}$。

实验 9.2　水仙花数

所谓水仙花数，是指组成一个三位数的各数的立方和等于该数本身。例如，153 是水仙花数，因为 $153=1^3+5^3+3^3$。单击“水仙花数”按钮，在标签中显示水仙花数，运行界面如图 9.4 所示。

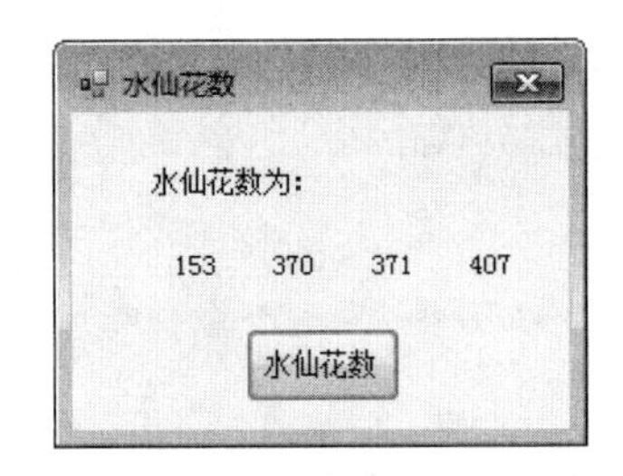

图 9.4　求水仙花数

要求：设计函数过程判断是否是水仙花数，在主调过程中用循环将三位数的水仙花数筛选出来。

实验 9.3　进制转换

设计一个十进制与二进制之间的转换程序。使用单选按钮控件（RadioButton）确定当前文本框中输入的是十进制数还是二进制数。程序启动后，默认在文本框中输入的是一个十进制数。选择“二进制”单选按钮，则将文本框中的十进制数转换为二进制数；选择“十进制”单选按钮，则将文本框中的二进制数转换为十进制数。运行界面如图 9.5 所示。

要求：设计两个函数过程 Dec2Bin(ByVal n As Integer) As String 和 Bin2Dec(ByVal n As String) As Integer，其中 Dec2Bin()完成将一个十进制数转化为二进制数，Bin2Dec()完成将一个二进制数转化为十进制数。在两个单选按钮控件的 CheckedChanged 事件处理过程中完成调用过程。

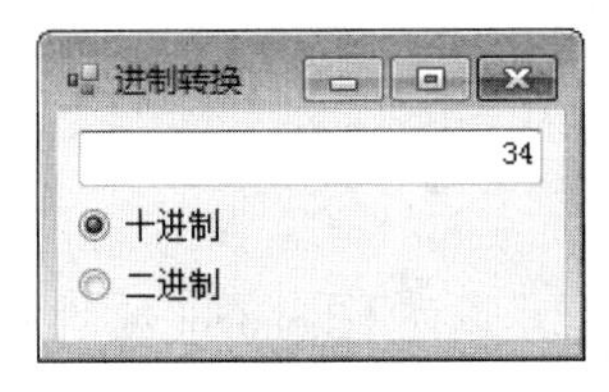

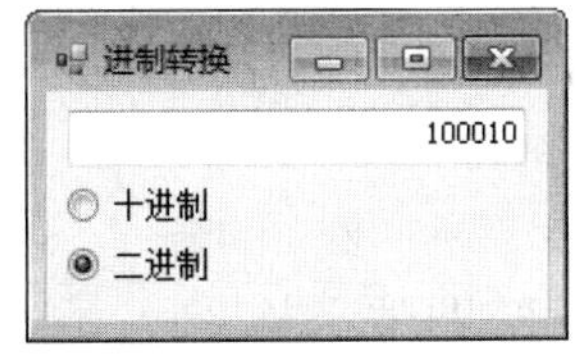

图 9.5　进制转换

参考建议：十进制转换为二进制算法采用除 2 取余法。将十进制数不断除 2 取余，直到商为零，以反序得到余数结果，则该数即为转换结果。如十进制数为 11，除 2 得 5 余数为 1；5 再除 2 得 2 余数为 1；2 除 2 得 1 余数为 0；1 除 2 得 0 余数为 1。此时商为零，反序取余数为 1011。二进制转换为十进制算法采用按权展开。将二进制每一位的数码乘以该位上的位权并累加求和，即可得到对应的十进制数。如 1011，按权展开为 $1\times2^3+0\times2^2+1\times2^1+1\times2^0$，结果为 11。

实验 9.4　移位加密和解密

移位加密将明文中每个字母加一序数 k，即用它之后的第 k 个字母代替该字母。在“明文”文本框中输入要加密的字符串，在“密钥”文本框中输入密钥序数 k，单击“加密”按钮，加密后的密文在标签中显示。单击“解密”按钮，密文被恢复成原来的明文并显示在下方的标签中。运行界面如图 9.6 所示。

要求：设计两个函数过程 encrypt(s As String, k As Integer) As String 和 decrypt(s As String, k As Integer) As String，分别为将明文 s 用密钥 k 加密的过程和将密文 s 用密钥 k 解密的过程。

移位加密和解密
明文：
Thank you very much
密钥：
5
Ymfsp dtz ajwd rzhm
加密
Thank you very much
解密

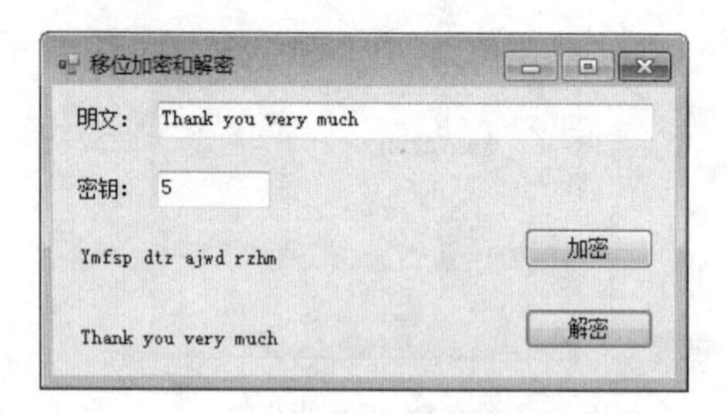

图 9.6　移位加密和解密

参考建议：加密的变换公式 c=chr(Asc(c)+k)，c 为字符串中的一位字符，k 为移位数。例如，序数 k 为 5，这时“A”->“F”，“a”->“f”。当加序后的字母超过“Z”或“z”，则 c=chr(Asc(c)+k−26)，如“y”->“d”。解密为加密的逆过程，其基本思想是将每个字母 c 减一序数 k，即用它前的第 k 个字母代替，变换公式为 c=chr(Asc(c)−k)。当减序后的字母在“A”或“a”之前，则 c=chr(Asc(c)+k+26)，如“a”->“v”。

实验 9.5　递归问题

Fibonacci 数列是这样一个整数序列：

1, 1, 2, 3, 5, 8, 13, 21, 34, 55, 89, 144, …

即从第 3 个数开始，每一个数都是它前面两个数之和。用数学公式表达就是：

$$Fn=\begin{cases} 1, & n=1 \\ 1, & n=2 \\ F_{n-1}+F_{n-2}, & n>2 \end{cases}$$

编写函数过程 fib(n as integer) as long，其功能是返回 Fibonacci 数列第 n 个数的值。要求：①使用递归的方法编写函数过程 fib()；②新建一个控制台应用程序，在 Main()过程中测试 fib()过程，输出 Fibonacci 数列前 40 个数，每 4 个数占一行，如图 9.7 所示。

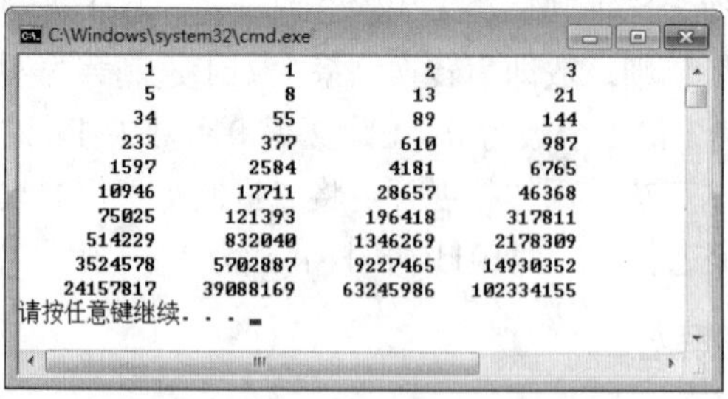

C:\Windows\system32\cmd.exe
1 1 2 3
5 8 13 21
34 55 89 144
233 377 610 987
1597 2584 4181 6765
10946 17711 28657 46368
75025 121393 196418 317811
514229 832040 1346269 2178309
3524578 5702887 9227465 14930352
24157817 39088169 63245986 102334155
请按任意键继续. . .

图 9.7　输出 Fibonacci 数列的前 40 个数

参考建议：从数列计算公式 $F_n=F_{n-1}+F_{n-2}$ 可以看出这是个递归的问题，Fibonacci 数为前两项 Fibonacci 数的和，按照这种方式进行降解。递归在 n=2 时终止。使用 String.Format()格式化字符串。

实验 9.6　逆转字符串

编写一个函数，实现输入一串字符，然后将其颠倒显示。如输入 visualbasic，显示 cisablausiv。

实验 10 子 过 程

1. 实验目的

（1）掌握子过程的定义以及调用方法。
（2）掌握在过程调用中形参个数、类型的确定方法；掌握数组作为参数传递的方法。
（3）熟悉传值和传地址的方法以及区别。

2. 实验范例

例题 10.1 打印星号

定义一个打印由“*”组成的三角形图案的子过程 PrintStar。单击“打印到标签”按钮，调用 PrintStar 子过程将图案打印到一个 Label 控件上。单击“打印到文本框”按钮，调用 PrintStar 子过程将图案打印在一个 TextBox 控件上。运行界面如图 10.1 所示。

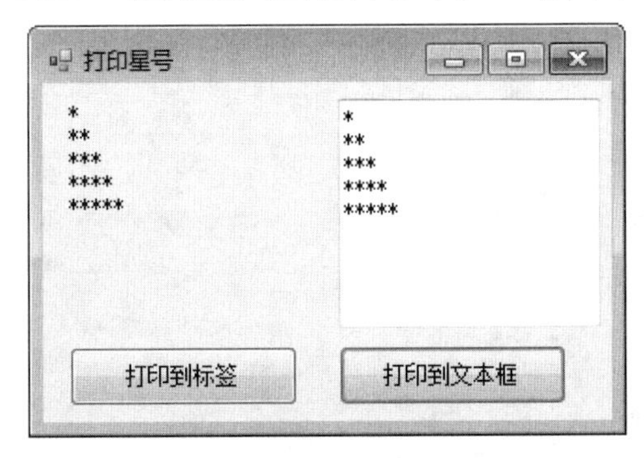

图 10.1 打印星号

设计分析：定义子过程 PrintStar(ByVal n As Integer, ByRef target As String)完成打印三角形图案功能，n 表示打印星号的行数，target 表示输出的目标字符串。在传递参数时，n 是用作输入的参数，声明为 ByVal 或者 ByRef 均可；target 是用作输出的参数，只能声明为 ByRef。

程序代码：

```
Public Class Form1
    '调用打印星号子过程
    Private Sub Button1_Click(…) Handles Button1.Click
        Call PrintStar(5,Label1.Text)
    End Sub
```

```
    Private Sub Button2_Click(…) Handles Button2.Click
        Call PrintStar(5,TextBox1.Text)
    End Sub
    '定义打印星号子过程
    Sub PrintStar(ByVal n As Integer, ByRef target As String)
        Dim i,j As Integer
        Dim output As String
        output=""
        For i=0 To n-1
            For j=0 To i
                output &= "*"
            Next
            output &= vbCrLf
        Next
        target=output
    End Sub
End Class
```

例题 10.2　选择法排序

随机生成 n 个 1～100 之间的整数，请用选择法对这 n 个数进行从小到大的排序。要求：n 从文本框中输入，文本框中默认值为 10；单击“排序”按钮，生成 n 个随机数，并显示排序前后的数。程序运行界面如图 10.2 所示。

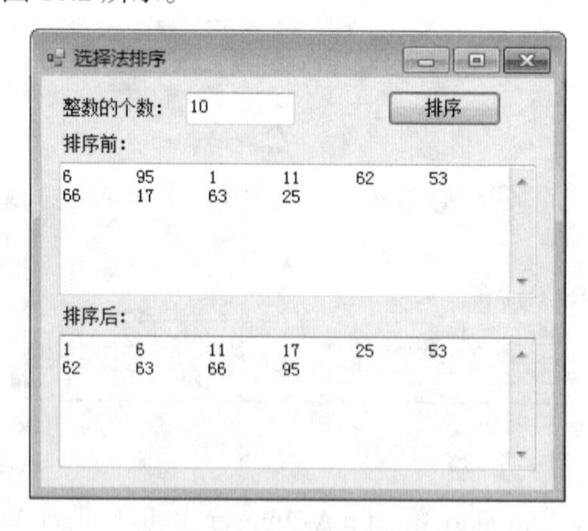

图 10.2　选择法排序

设计分析：

排序是一种通用的功能，可以定义一个选择法子过程 SelectionSort(a() as integer)来处理排序，SelectionSort()接受一个数组名字作为参数，可以通过 a.length 获取到数组 a 的长度。

程序代码：

```
Public Class Form1
    '选择法排序子过程
    Sub SelectionSort(ByVal a() As Integer)
```

```
        Dim i,j,p,t As Integer
        '每次确定数组 a 第 i 个位置要存放的数，即剩下所有未排序数中最小的那个数
        For i=0 To a.Length-2
            '对于每轮操作，先假定最小值下标为 i
            p=i
            For j=i+1 To a.Length-1
                '如果 a(j)比当前的最小值小，则更新最小值下标为 j
                If a(j)<a(p) Then
                    p=j
                End If
            Next
            '如果最小值不是 a(i)，则交换 a(i)和最小值
            If p<>i Then
                t=a(p) : a(p)=a(i) : a(i)=t
            End If
        Next
    End Sub
    'Button1 的 Click 事件处理子过程
    Private Sub Button1_Click(…) Handles Button1.Click
        Dim a(),i As Integer
        Dim n%=Val(TextBox1.Text)
        ReDim a(n-1)
        '生成数组
        Randomize()
        For i=0 To a.Length-1
            a(i)=Int(Rnd() * 100+1)
        Next
        Dim output$=""
        '输出排序前的数组
        For i=0 To a.Length-1
            output=output & a(i) & vbTab
        Next
        TextBox2.Text=output
        '选择法排序
        SelectionSort(a)
        output=""
        '输出排序后的数组
        For i=0 To a.Length-1
            output=output & a(i) & vbTab
        Next
        TextBox3.Text=output
    End Sub
End Class
```

3. 实验内容

实验 10.1 坐标转换

完成直角坐标和极坐标的相互转换。平面内任意一点，它的直角坐标是（x,y），对应的极坐标值是（ρ,θ）。默认情况下，文本框中显示的是直角坐标，在文本框内分别输入直角坐标值，选择“极坐标”单选按钮，将文本框中的坐标转换为极坐标；选择“直角坐标”单选按钮，将文本框中的坐标转换为直角坐标。角坐标 θ 用角度表示，如图 10.3 所示。

要求：①设计子过程 CartesianToPolar(x#, y#, rou#, theta#)将直角坐标转换为极坐标；②设计子过程 PolarToCartesian(rou#, theta#, x#, y#)将极坐标转换为直角坐标；③在两个单选按钮的 CheckedChanged 事件处理过程中分别调用上述子过程，完成坐标转换。注意：两个文本框既可以接受直角坐标，又可以接受极坐标，当前是什么坐标要依据下方的单选按钮来判断，默认情况下是直角坐标。

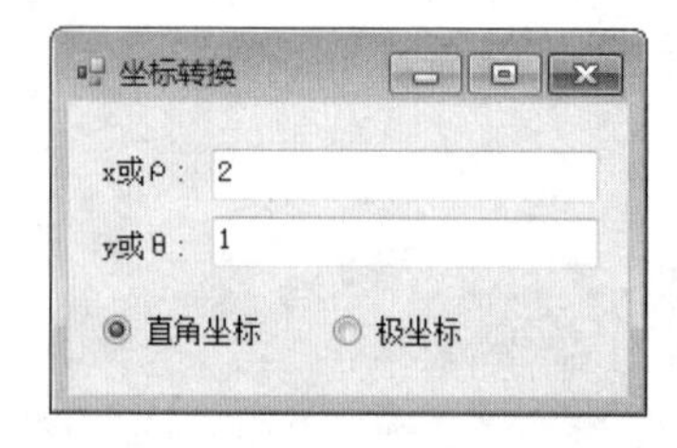

图 10.3　坐标转换

参考建议：直角坐标转换为极坐标的子过程 CartesianToPolar(x#, y#, rou#, theta#)中 x、y 为直角坐标，既可定义参数传递为传值方式，又可以定义为传引用方式；rou、theta 为极坐标，必须定义为传引用方式。直角坐标转换为极坐标的公式为 $\rho=\sqrt{x^2+y^2}, \theta=\arctan(\frac{y}{x})$。

极坐标转换为直角坐标的子过程 PolarToCartesian(rou#, theta#, x#, y#)中 rou、theta 为极坐标，既可定义参数传递为传值方式，又可定义为传引用方式；x、y 为直角坐标，必须定义为传引用方式。极坐标转换为直角坐标的公式为：$x=\rho\cos\theta, y=\rho\sin\theta$。

实验 10.2 顺序查找并交换数组元素

程序运行时随机产生 10 个 65～90 的整数并显示在“随机数”标签后。在文本框中输入要查找的数组元素，然后单击“查找并交换”按钮，如果查到所输入数字为数组中第 i 个元素，将此数与数组中倒数第 i 个元素交换，交换后的数组显示在“交换后”标签之后；如果未查找到此数字，则跳出提示对话框“没有找到该数”。程序运行界面如图 10.4 所示。

参考建议：编写顺序查找函数过程 LinearSearch(ByVal key As Integer, ByVal a() As Integer) As Integer，在数组 a 中顺序查找 key，将 key 与数组 a 中的每个元素逐一比较，如果找到则返回其下标值，如果遍历了数组 a 找不到 key，则返回-1。编写交换数组元素子过程 Swap(ByVal i As Integer, ByVal j As Integer, ByVal a() As Integer)，完成将数组 a 的第 i 个元素和第 j 个元素交换。数组 a 声明成模块级变量，在窗体载入时可在循环中生成随机数存放在 a(0)～a(9)中，并用标签显示。单击“查找并交换”按钮后，在其响应时间中调用函数过程 LinearSearch()和子过程 Swap()完成查找和交换。

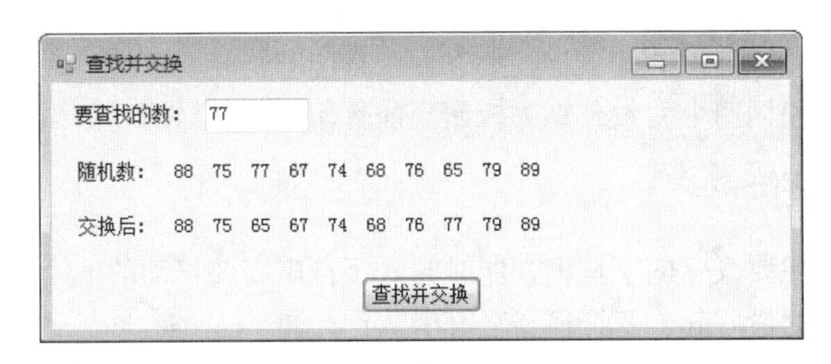

图 10.4 查找数组元素

实验 10.3 冒泡法排序

在文本框中输入一行字符，使用冒泡法将字符按其 ASCII 码顺序从小到大排序。要求：编写子过程 BubbleSort(a() As Integer)完成对整数数组的从小到大排序。单击“按 ASCII 排序”按钮，在其事件响应过程中调用 BubbleSort()，完成对整数数组的排序，并将排序后的字符输出。程序运行界面如图 10.5 所示。要求：输出时每 10 个字符占一行，间隔 4 个字符。

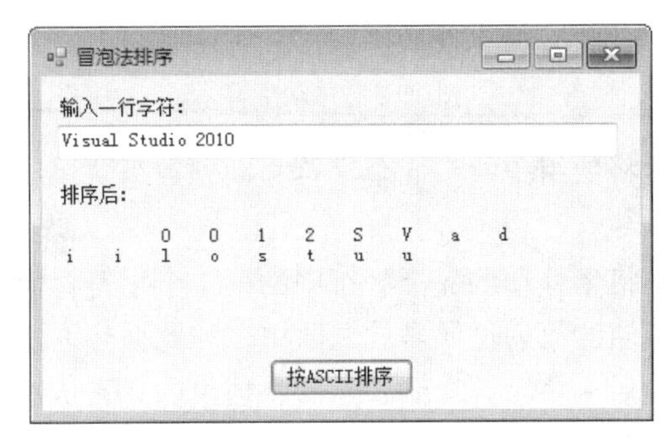

图 10.5 冒泡法排序

参考建议：使用 Chr()函数完成 ASCII 码到字符的转换，使用 Asc()函数完成字符到 ASCII 码的转换。使用 Len()函数获取文本框中字符的长度后，即可定义指定长度的整数数组。使用循环将文本框中的每一个字符转换为 ASCII 码后存入数组，然后对数组排序，排序后再将其转换为字符输出。

实验 10.4 打印图形

在文本框中输入要打印的符号，单击“打印”按钮，在下方标签中显示三角图形，运行界面如图 10.6 所示。要求：设计打印图形的子过程。

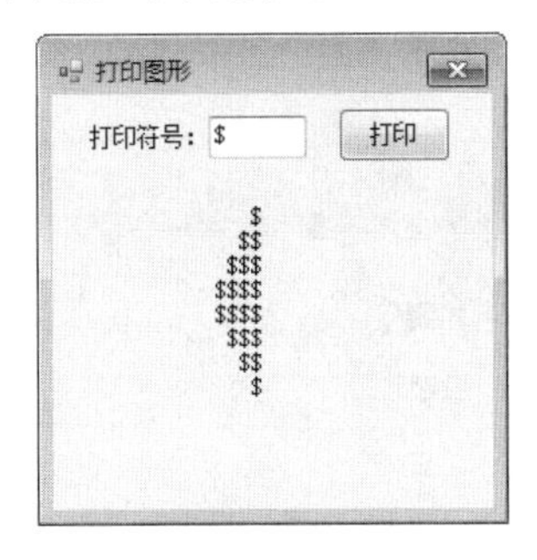

图 10.6 打印图形

参考建议：定义打印图形的子过程，形参为要打印的符号。在子过程中，用 For 循环实现两组三角形的打印。使用两个变量分别去控制当前打印的行和当前行的当前打印位置。

实验 10.5　移动字符

在文本框中输入想要改变的字符串，同时输入字符串需要移动的 n 个字符。选择“队头”单选按钮，将字符串的最后 n 个字符移到字符串队首，如“goodstudent”中 4 个字符向“队头”移动后为“dentgoodstu”；选择“队尾”单选按钮，将字符串的头 n 个字符移到字符串队尾，如“goodstudent”中 4 个字符向“队尾”移动后为“studentgood”，运行界面如图 10.7 所示。

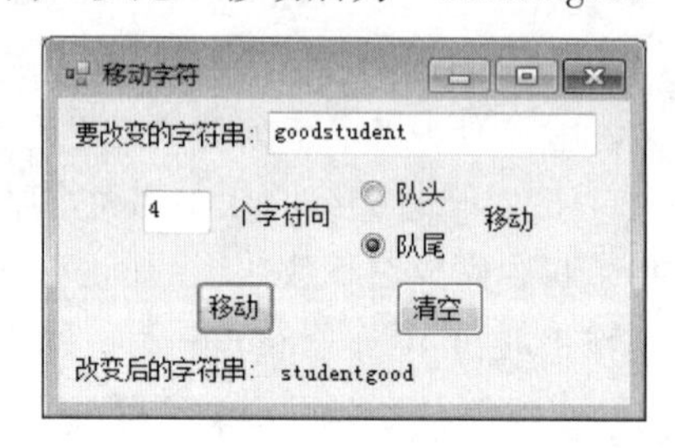

图 10.7　移动字符

基本思想：设计子过程将数组中的头 n 个字符移动到数组队尾，或者最后 n 个字符移动到数组队头。

参考建议：在子过程中将要移动的 n 个字符中的第 1 个字符存储，然后将数组的元素依次往前挪一位，最后把之前存储的第一位元素放在队尾，如此循环 n 次即可。或者相反的过程，将要移动的 n 个字符中的最后一个字符存储，然后将数组的元素依次往后挪一位，最后把之前存储的最后一位元素放在队头。在主调过程中，将字符串存储成数组，再调用移动数组元素的子过程。

实验 11　用户界面设计（一）

1. 实验目的

（1）掌握列表框控件和组合框控件的常用方法。
（2）掌握定时器控件的属性设置和 Tick 事件。
（3）掌握动画的编程方法。
（4）掌握滚动条控件和进度条控件的使用方法。

2. 实验范例

例题 11.1　设计一个小车做水平行驶的动画程序，运行程序界面如图 11.1 所示。

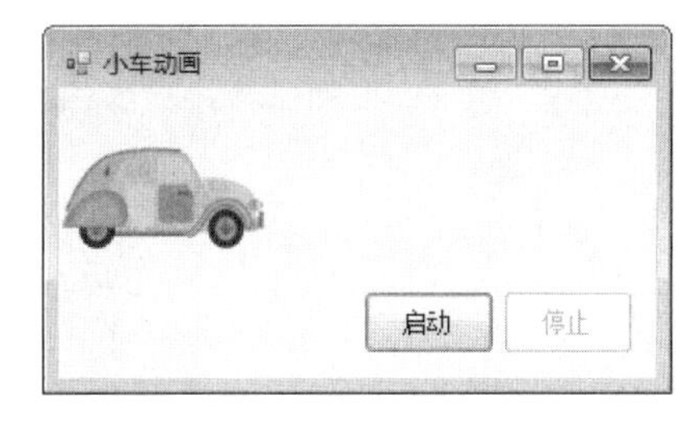

图 11.1　小车的初始状态和行驶状态

1）题目要求

单击“启动”按钮小车开始向前行驶，当遇到窗体右边界时掉头然后向左行驶，当遇到窗体左边界时同样掉头向右行驶。

2）界面设计

在窗体中放置一个图片框控件 PictureBox1 用来保存小车图片，两个按钮 Button1 和 Button2 用来启动和停止小车，一个定时器控件 Timer1 用来实现小车的移动。

3）设计分析

PictureBox1 的 Image 属性在程序设计时设置成 car1.png，定义整型变量 data 保存 PictureBox1 的位移，即 Left 属性的增量，适当调整图片框的初始位置。在程序运行时，当小车行驶遇到右边界时，Image 属性设置成 car2.png（car1.png 水平翻转后的图片），data 变成-data，同理遇到左边界后再恢复成初始的属性值。Button1 为“启动”按钮，Button2 为“停止”按钮，单击“启动”按钮后，只能响应“停止”按钮，反之亦然。Timer1 的 Interval 属性为默认值。

4）程序代码

```
Public Class Form1
```

```
    Dim data As Integer              '***********声明窗体级变量，保存图片框的位移
    Private Sub Form1_Load(…) Handles MyBase.Load
        data=2                       '为图片框的位移变量初始化，可适当修改控制小车速度
        Button2.Enabled=False        '不能单击“停止”按钮
    End Sub
    Private Sub Button1_Click(…) Handles Button1.Click  '*********** “启动”按钮
        Button1.Enabled=False:             '不能单击“启动”按钮
        Button2.Enabled=True               ' “停止”按钮可用
        Timer1.Start()                     '启动定时器
    End Sub
    Private Sub Timer1_Tick(…) Handles Timer1.Tick       '***************定时器
的 Tick 事件
        If PictureBox1.Left>Me.Width-PictureBox1.Width Then '到达窗体的右边界
            PictureBox1.Image=Image.FromFile("car2.png")  '换成水平翻转后的小车
            data=-data                       '通过取反图片框的位移变量，改变行驶方向
        ElseIf PictureBox1.Left<0 Then                     '到达窗体的左边界
            PictureBox1.Image=Image.FromFile("car1.png")
            data=-data
        End If
        PictureBox1.Left=PictureBox1.Left + data
    End Sub
    Private Sub Button2_Click(…) Handles Button2.Click '*********** “停止”按钮
        Button1.Enabled=True               ' “启动”按钮可用
        Button2.Enabled=False              '不能单击“停止”按钮
        Timer1.Stop()                      '停止定时器
    End Sub
End Class
```

3. 实验内容

实验 11.1　设计一个可编辑的双向列表

设计一个网上购书的购物车，将已存入收藏夹中的图书放入购物车，也可以将购物车的图书退回到收藏夹中。运行程序界面可参考图 11.2。

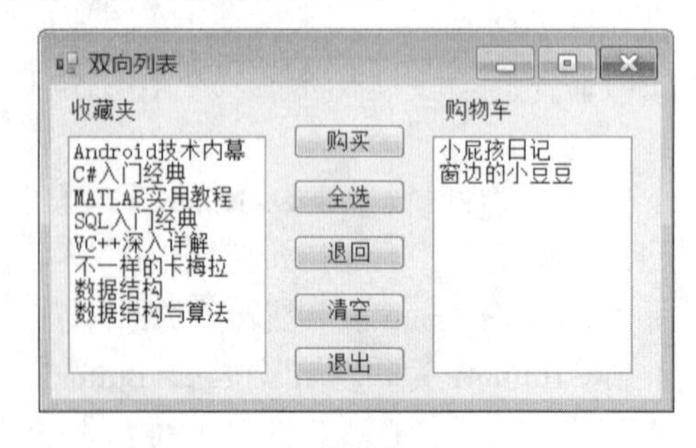

图 11.2　网上购书程序运行界面

要求：双击要购买的图书或选择图书再单击“购买”按钮将图书放入购物车；单击“全选”按钮将收藏夹中的图书全部放入购物车，清空收藏夹；通过双击购物车中的图书或先选择购物车中的图书再单击“退回”按钮将其退回到收藏夹中；单击“清空”按钮，将购物车中的图书全部退回收藏夹，可一次性清空购物车。

参考建议：要把全部图书初始化到 ListBox1 中，可在 Form 的 Load 事件中用 Add 方法添加到 ListBox1 中。两个列表框之间移动图书时，要注意一个列表框中用 Add 方法添加项目，另一个列表框要用 RemoveAt()或 Clear()方法清除掉相应的图书。

实验 11.2　设计一个位移动画

利用按钮控制图片向左移动或者向右移动，当遇到窗体边缘时，从窗体的另一侧边缘出现继续移动。运行程序界面可参考图 11.3。

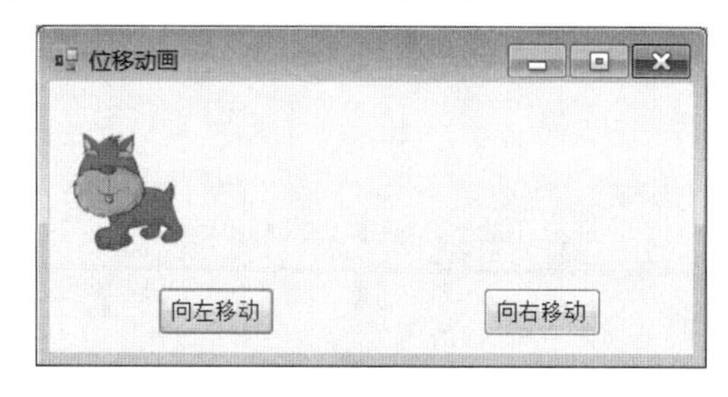

（a）初始状态

（b）单击“向左移动”按钮后

图 11.3　动画程序运行界面

参考建议：图片框的 Image 属性在设计时设置成 dog.png，SizeMode 属性设置为 AutoSize。利用定时器控件控制图片框的移动。当图片框正在移动时，程序只能响应“停止”按钮。当图片框移动到窗体边缘时，通过改变 Left 属性实现在窗体内循环移动的功能。图片 11.3（a）所示为程序的初始状态，图 11.3（b）所示是单击“向左移动”按钮后，图片框遇到窗体左边缘后，从窗体右侧出现并继续移动。

实验 11.3　设计一个组合框的应用程序

设计一个程序，在组合框中显示全部学院的名称，选中某个学院后，将其显示在“所选学院”的文本框中，通过单击“添加学院”和“删除学院”按钮向组合框中添加和删除学院。运行程序界面如图 11.4 所示。

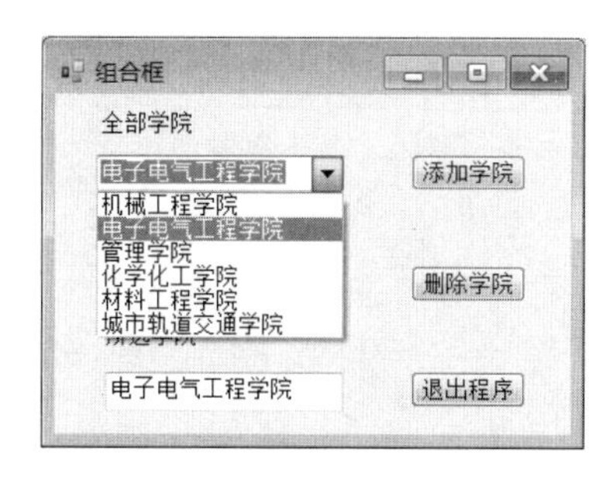

图 11.4　组合框程序运行界面

参考建议：把全部学院名称添加到组合框 ComboBox1 中，可以在运行时通过 Form1 的 Load 事件填入，也可以在设计时利用 Items 属性的“字符串集合编辑器”对话框直接输入。通过单击 Button1“添加学院”按钮将输入组合框中的内容添加到组合框的 Items 中，单击 Button2“删除学院”按钮将组合框中选中的项目删除。

实验 12　用户界面设计（二）

1. 实验目的

（1）熟悉通用对话框控件的使用方法。

（2）掌握下拉菜单的设计方法；熟悉快捷菜单的使用。

（3）学会多窗体的显示和隐藏方法；了解异窗数据的传递。

2. 实验范例

例题 12.1　文本编辑器

设计一个具备“文件”“编辑”“格式”“打印”4 个下拉菜单和快捷菜单的文本编辑器。运行程序界面如图 12.1 所示。

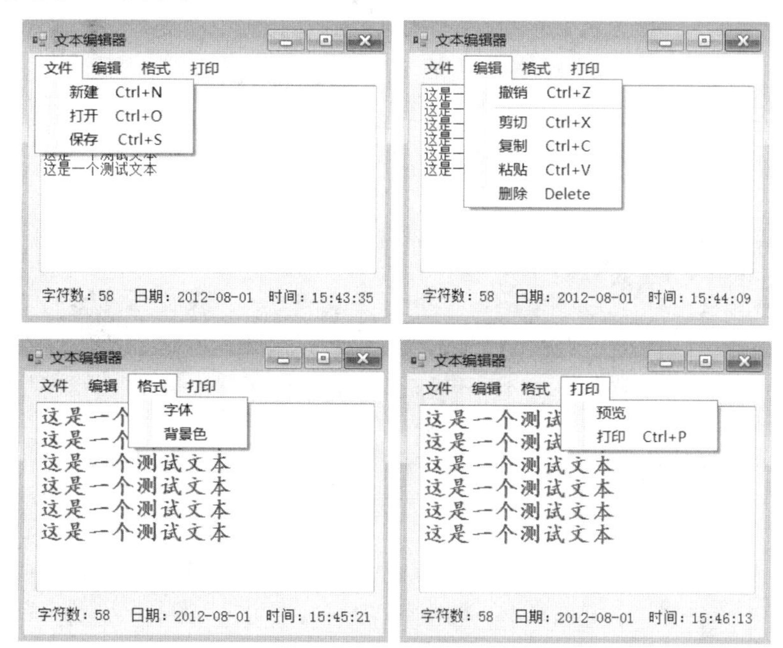

图 12.1　文本编辑器的运行界面

1）题目要求

通过菜单栏和快捷键完成相应的功能，并且可以显示当前文本框中的字符数、系统当前日期和时间。

2）界面设计

在窗体中放置一个 TextBox1 文本框控件、一个 MenuStrip1 下拉菜单栏控件、一个 ContextMenuStrip1 快捷菜单控件、一个 OpenFileDialog1 打开文件对话框控件、一个 SaveFileDialog1 保存文件对话框控件、一个 FontDialog1 字体对话框控件、一个 ColorDialog1 颜色对话框控件、一个 PrintDocument1 打印文档控件、一个 PrintPreviewDialog1 打印预览对话框控件、一个 PrintDialog1 打印对话框控件、一个 Timer1 定时器控件、Label1～3 分别表示字符数、日期和时间。

3）设计分析

当选择“打开”菜单项时，利用 OpenFileDialog1 的 FileName 属性返回在“打开”对话框中选择的文件名，利用 My.Computer.FileSystem.ReadAllText 方法读入文件内容并在文本框内显示。当选择“保存”菜单项时，利用 My.Computer.FileSystem.WriteAllText 方法将文本框的内容保存成文本文档。利用 PrintDocument1 的 DocumentName 属性保存要打印的文件名，在其 PrintPage 事件中加入代码，利用 Graphics.DrawString 方法来“画”出文本，实现打印预览功能，格式为 e.Graphics.DrawString（文本字符串,文本字体,打印颜色,起始位置 X 坐标,起始位置 Y 坐标）。

4）程序代码

```
    Private Sub Form1_Load(…) Handles MyBase.Load    '***********初始化定时器和文本框字符数
        Timer1.Interval=1000        '每隔 1000 毫秒定时器触发一次 Tick 事件
        Timer1.Enabled=True         '启用定时器
        Label1.Text="字符数: 0"     '文本框初始字符数为 0
    End Sub
    '下拉菜单
    Private Sub 新建 ToolStripMenuItem_Click(…) Handles 新建 ToolStripMenuItem.Click
        TextBox1.Text=""            '将文本框清空
    End Sub
    Private Sub 打开 ToolStripMenuItem_Click(…) Handles 打开 ToolStripMenuItem.Click
        Dim fileName As String
        OpenFileDialog1.FileName="*.txt"            '设置“打开”对话框的文件名默认名称
        OpenFileDialog1.InitialDirectory="C:\"     '设置“打开”对话框的默认路径
        OpenFileDialog1.Filter="文本文档(*.txt)|*.txt|所有文件(*.*)|*.*"'设置打开文件格式
        If OpenFileDialog1.ShowDialog()=Windows.Forms.DialogResult.OK Then
            fileName=OpenFileDialog1.FileName'利用 FileName 属性返回在对话框中选择的文件名
            TextBox1.Text=My.Computer.FileSystem.ReadAllText(fileName)
            PrintDocument1.DocumentName=fileName   '将预打印文档与当前文档绑定
        End If
    End Sub
    Private Sub 保存 ToolStripMenuItem_Click(…) Handles 保存 ToolStripMenuItem.Click
        Dim fileName As String
        SaveFileDialog1.FileName="*.txt"            '设置保存文件对话框的文件名默认名称
```

```
        SaveFileDialog1.InitialDirectory="C:\"    '设置保存文件对话框的默认路径
        SaveFileDialog1.Filter="文本文档(*.txt)|*.txt|所有文件(*.*)|*.*"    '设置保存
格式
        If SaveFileDialog1.ShowDialog()=Windows.Forms.DialogResult.OK Then
            fileName=SaveFileDialog1.FileName '利用 FileName 属性返回在对话框中设置的文件
名
            My.Computer.FileSystem.WriteAllText(fileName,TextBox1.Text,False)
            PrintDocument1.DocumentName=fileName
        End If
    End Sub
    Private Sub 撤销 ToolStripMenuItem_Click(…) Handles 撤销 ToolStripMenuItem.Click
        TextBox1.Undo()
    End Sub
    Private Sub 剪切 ToolStripMenuItem_Click(…) Handles 剪切 ToolStripMenuItem.Click
        TextBox1.Cut()
    End Sub
    Private Sub 复制 ToolStripMenuItem_Click(…) Handles 复制 ToolStripMenuItem.Click
        TextBox1.Copy()
    End Sub
    Private Sub 粘贴 ToolStripMenuItem_Click(…) Handles 粘贴 ToolStripMenuItem.Click
        TextBox1.Paste()
    End Sub
    Private Sub 删除 ToolStripMenuItem_Click(…) Handles 删除 ToolStripMenuItem.Click
        TextBox1.SelectedText=""        '删除当前选中的文本
    End Sub
    Private Sub 字体 ToolStripMenuItem_Click(…) Handles 字体 ToolStripMenuItem.Click
        FontDialog1.ShowColor=True
        If FontDialog1.ShowDialog()=Windows.Forms.DialogResult.OK Then
            TextBox1.Font=FontDialog1.Font
            TextBox1.ForeColor=FontDialog1.Color
        End If
    End Sub
    Private Sub 背景色 ToolStripMenuItem_Click(…) Handles 背景色 ToolStripMenuItem.
Click
        If ColorDialog1.ShowDialog()=Windows.Forms.DialogResult.OK Then
            TextBox1.BackColor=ColorDialog1.Color
        End If
    End Sub
    Private Sub 预览 ToolStripMenuItem_Click(…) Handles 预览 ToolStripMenuItem.Click
        PrintPreviewDialog1.Document=PrintDocument1
        PrintPreviewDialog1.ShowDialog()
    End Sub
```

```
    Private Sub 打印 ToolStripMenuItem1_Click(…) Handles 打印 ToolStripMenuItem1.
Click
        PrintDialog1.Document=PrintDocument1
        If PrintDialog1.ShowDialog()=Windows.Forms.DialogResult.OK Then
            PrintDocument1.Print()  '开始打印
        End If
    End Sub
    Private    Sub    PrintDocument1_PrintPage(…)    Handles    PrintDocument1.
PrintPage'PrintPage 事件
        e.Graphics.DrawString(TextBox1.Text, TextBox1.Font, Brushes.Black, 120,
120)
    End Sub
    '快捷菜单
    Private Sub 剪切 ToolStripMenuItem1_Click(…) Handles 剪切 ToolStripMenuItem1.
Click
        TextBox1.Cut()
    End Sub
    Private Sub 复制 ToolStripMenuItem1_Click(…) Handles 复制 ToolStripMenuItem1.
Click
        TextBox1.Copy()
    End Sub
    Private Sub 粘贴 ToolStripMenuItem1_Click(…) Handles 粘贴 ToolStripMenuItem1.
Click
        TextBox1.Paste()
    End Sub
    Private Sub Timer1_Tick(…) Handles Timer1.Tick  '*****Tick 事件，每秒钟更新一次当
前时间
         Label2.Text="日期: " & Format(Now, "yyyy-MM-dd")'利用 Now 属性获取当前的日期和
时间
         Label3.Text="时间: " & Format(Now, "HH:mm:ss")  '利用 Format 方法输出
    End Sub
    Private Sub TextBox1_TextChanged(…) Handles TextBox1.TextChanged    '*******
更新字符数
      Label1.Text="字符数: " & TextBox1.TextLength  '字符数包括回车、换行、汉字、西文字符
等
    End Sub
```

3. 实验内容

实验 12.1　下拉菜单的设计和多窗体的计算处理

在窗体上添加菜单项，实现退出程序，文本的恢复、剪切、复制、粘贴，修改文本字体、设置文本框背景色以及操作说明等功能。要求：用两种方法实现背景色的设置："颜色"对话

框和“设置背景色（滚动条）”对话框。菜单功能可参考图 12.2，滚动条设置背景色功能可参考图 12.3。

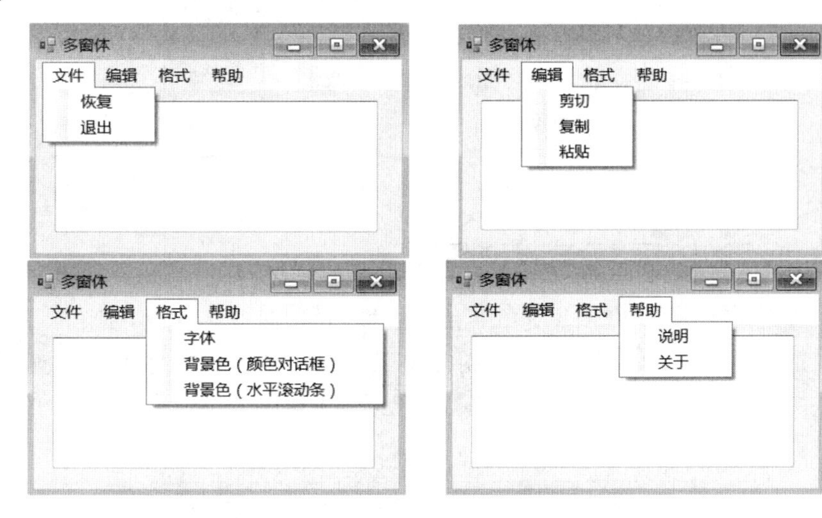

图 12.2 下拉菜单

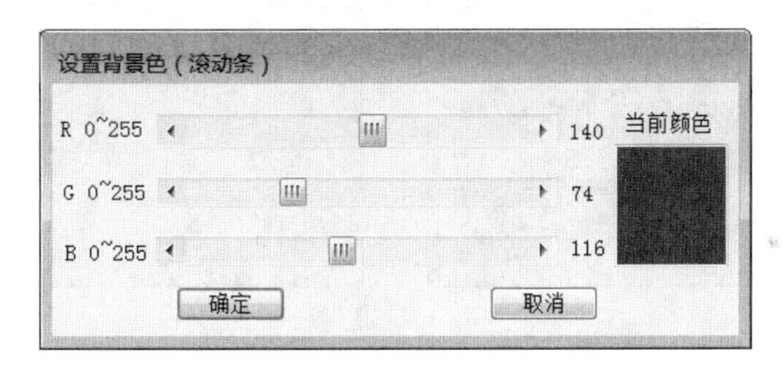

图 12.3 “设置背景色（滚动条）”对话框

参考建议：在第一个窗体上添加一个文本框控件 TextBox1、一个下拉菜单控件 MenuStrip1、一个字体对话框控件 FontDialog1 和一个颜色对话框 ColorDialog1。在第二个窗体添加三个水平滚动条控件 HScrollBar1～3 分别控制 R、G、B 颜色分量，滚动条的实际最大值可以达到 255；一个文本框控件 TextBox1 用来显示当前设置颜色；七个标签控件，其中三个用于显示三个滚动条的当前值。利用 Show 和 Hide 方法实现窗体之间的切换，利用“窗体名.控件名”的形式实现异窗数据的引用。“恢复”命令将文本格式恢复到初始状态。

实验 12.2 快捷菜单的设计

在实验 12.1 的基础上增加快捷菜单。利用滚动条设置背景色的弹出窗体中添加快捷菜单，R、G、B 颜色分量的调整除了拖动滑块之外，还可以利用快捷菜单中的命令实现，使滑块快速到达开始位置、中间位置、结束位置的功能。运行程序界面可参考图 12.4。

参考建议：在第二个窗体添加三个快捷菜单控件 ContextMenuStrip1～3，分别关联到 R、G、B 三个 HScrollBar 控件，在每个 ContextMenuStrip 上添加三个菜单项，在其 Click 事件中修改 HScrollBar 的 Value 为最小值、中间值和最大值。

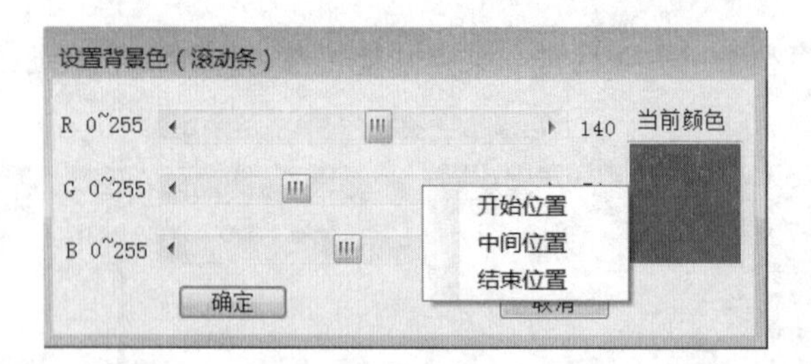

图 12.4 快捷菜单

实验 12.3 多窗体中的图片及其路径的显示

设计一个应用程序，包含“图片菜单”和“文本菜单”两项。“图片菜单”下包括显示和隐藏图片的菜单项；“文本菜单”下包含显示文本菜单项。右击图片，弹出“更换”快捷菜单，执行重新加载图片的操作。单击“文本菜单”弹出第二个窗体，并显示当前图片的保存路径和文件名。运行程序界面可参考图 12.5。

图 12.5 图片和路径显示界面

要求：窗体 1 图片更换的同时，窗体 2 文本框的内容要与其路径一致。

参考建议：在第一个窗体 Form1 上添加一个下拉菜单控件 MenuStrip1、一个快捷菜单控件 ContextMenuStrip1、一个打开文件对话框控件 OpenFileDialog1 和一个图片框控件 PictureBox1。在第二个窗体 Form2 上添加一个文本框控件 TextBox1 和一个按钮控件 Button1。PictureBox1 的 SizeMode 属性为 StretchImage、BorderStyle 属性设置为 Fixed3D、ContextMenuStrip 属性设置为 ContextMenuStrip1、Visible 属性设置为 False。OpenFileDialog1 支持的文件类型为 jpg。Form2 的 ControlBox 属性为 False，TextBox1 的 Text 属性为 Form1 的 PictureBox1 的 FileName 属性。初始图片为当前程序 Debug 文件夹中的 Photo1.jpg，执行“更换”命令后重新加载的图片为 C 盘根目录下的 Photo2.jpg。

实验 13 类 和 对 象

1. 实验目的

（1）掌握类的定义和对象的声明方法。
（2）掌握创建对象和对象的实例化。
（3）掌握数据成员、属性、事件、方法等的定义。

2. 实验范例

例题 13.1 Point 类

设计一个 Point 类，表示平面上的一个点。Point 类包括一个构造函数，属性 X 和属性 Y 代表水平坐标和垂直坐标，Offset(x,y)方法可以将 Point 对象的水平坐标和垂直坐标分别增加一个偏移量。要求：新建一个控制台应用程序测试 Point 类。程序运行界面如图 13.1 所示。

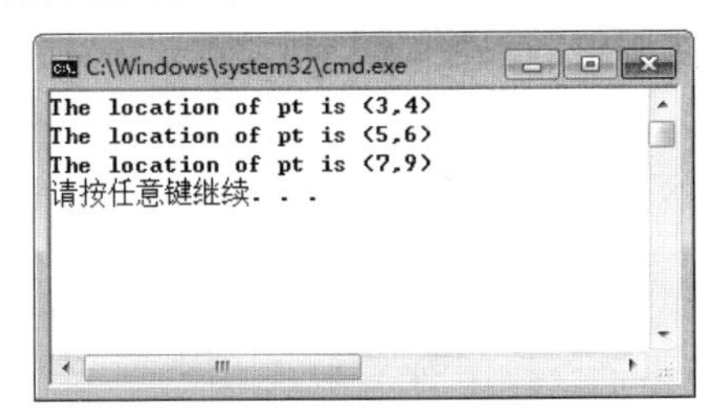

图 13.1 程序运行效果

程序代码：

```
Module Module1
    Sub Main()
        Dim pt As Point
        pt=New Point(3, 4)
        Console.WriteLine("The location of pt is ({0},{1})", pt.X, pt.Y)
        pt.X=5
        pt.Y=6
        Console.WriteLine("The location of pt is ({0},{1})", pt.X, pt.Y)
        pt.Offset(2,3)
        Console.WriteLine("The location of pt is ({0},{1})", pt.X, pt.Y)
    End Sub
```

```
End Module

Public Class Point
    Private _x As Integer
    Private _y As Integer
    '构造函数
    Sub New(ByVal x As Integer,ByVal y As Integer)
        _x=x
        _y=y
    End Sub
    '属性 X
    Public Property X() As Integer
        Get
            Return _x
        End Get
        Set(ByVal value As Integer)
            _x=value
        End Set
    End Property
    '属性 Y
    Public Property Y() As Integer
        Get
            Return _y
        End Get
        Set(ByVal value As Integer)
            _y=value
        End Set
    End Property
    'Offset 方法
    Public Sub Offset(ByVal x As Integer,ByVal y As Integer)
        _x+=x
        _y+=y
    End Sub
End Class
```

例题 13.2 Person 类

设计一个 Person 类，表示一个人。Person 的数据成员、属性和方法如表 13.1 所示。

表 13.1 Person 类

成员名称	数据类型	说明
_name	String	私有成员，存储姓名
_gender	String	私有成员，存储性别

续表

成 员 名 称	数 据 类 型	说　　明
_age	Integer	私有成员，存储年龄
New(name$, gender$, age%)	–	构造函数。构造一个 Person 对象
Name	String	属性，表示姓名
Gender	String	属性，表示性别
Age	Integer	属性，表示年龄
Eat(food As String)	–	方法，表示吃食物。输出一行字符，表示在吃某种食物
Sleep()	–	方法，表示睡觉。输出一行字符，表示在睡觉

要求：新建一个控制台应用程序，在 Main()子过程中测试 Person 类，新建两个 Person 对象 p1 和 p2，调用各自的属性和方法。程序运行界面如图 13.2 所示。

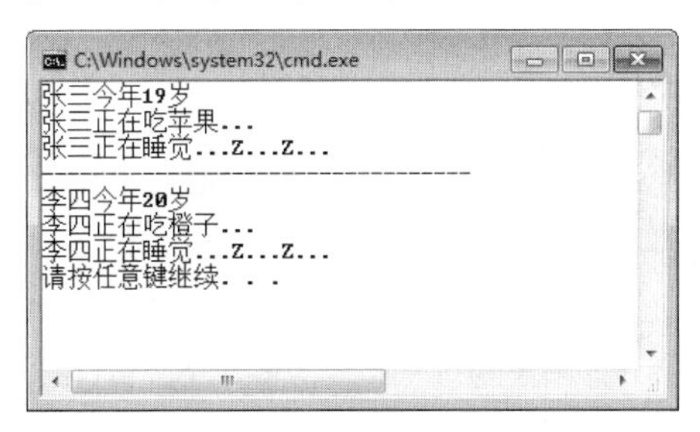

图 13.2　程序运行效果

程序代码：

```
'Person 类
Public Class Person
    '私有数据成员
    Private _name As String
    Private _gender As String
    Private _age As Integer
    '构造函数
    Sub New(ByVal name As String,ByVal gender As String,ByVal age As Integer)
        _name=name
        _gender=gender
        _age=age
    End Sub
    'Name 属性，表示姓名
    Public Property Name() As String
        Get
            Return _name
        End Get
        Set(ByVal value As String)
            _name=value
        End Set
```

```
    End Property
    'Gender 属性，表示性别
    Public Property Gender() As String
        Get
            Return _gender
        End Get
        Set(ByVal value As String)
            If value <> "男" Or value <> "女" Then
                Throw New Exception("性别必须是'男'或'女'")
            Else
                _gender=value
            End If
        End Set
    End Property
    'Age 属性，表示年龄
    Public Property Age() As Integer
        Get
            Return _age
        End Get
        Set(ByVal value As Integer)
            If value>=0 And value<=150 Then
                _age=value
            Else
                Throw New Exception("年龄必须是 0-150 之间的整数")
            End If
        End Set
    End Property
    'Eat()方法
    Public Sub Eat(ByVal food As String)
        Console.WriteLine("{0}正在吃{1}...", Me.Name, food)
    End Sub
    'Sleep()方法
    Public Sub Sleep()
        Console.WriteLine("{0}正在睡觉...Z...Z...", Me.Name)
    End Sub
End Class

'测试模块，用来测试 Person 类
Module Module1
    Sub Main()
        '张三
        Dim p1 As Person=New Person("张三", "男", 19)
        Console.WriteLine("{0}今年{1}岁",p1.Name,p1.Age)
```

```
        p1.Eat("苹果")
        p1.Sleep()
        Console.WriteLine("-----------------------------------")
        '李四
        Dim p2 As Person=New Person("李四","女",20)
        Console.WriteLine("{0}今年{1}岁",p2.Name,p2.Age)
        p2.Eat("橙子")
        p2.Sleep()
    End Sub
End Module
```

3. 实验内容

实验 13.1　Rectangle 类

设计一个 Rectangle 类，表示一个矩形。Rectangle 的数据成员、属性和方法如表 13.2 所示。

表 13.2　Rectangle 类

成员名称	数据类型	说　明
_x	Interger	私有成员，矩形左上角点的 x 坐标
_y	Integer	私有成员，矩形左上角点的 y 坐标
_width	Integer	私有成员，存储矩形的宽度
_height	Integer	私有成员，存储矩形的高度
New(x%, y%, width%, height%)	–	构造函数。构造一个 Rectangle 对象
X	Integer	属性，矩形左上角点的 x 坐标
Y	Integer	属性，矩形左上角点的 y 坐标
Width	Integer	属性，矩形的宽度。Width 不能为负数
Height	Integer	属性，矩形的高度。Height 不能为负数
Area	Integer	只读属性，返回矩形的面积
Offset(x as Integer, y as Integer)	–	方法，将矩形的位置调整指定的量

要求：①新建一个控制台应用程序，编写 Rectangle 类的实现代码。②在 Main()子过程中测试 Rectangle 类，新建一个 Rectangle 对象 rect，调用其属性和方法。程序运行界面如图 13.3 所示。

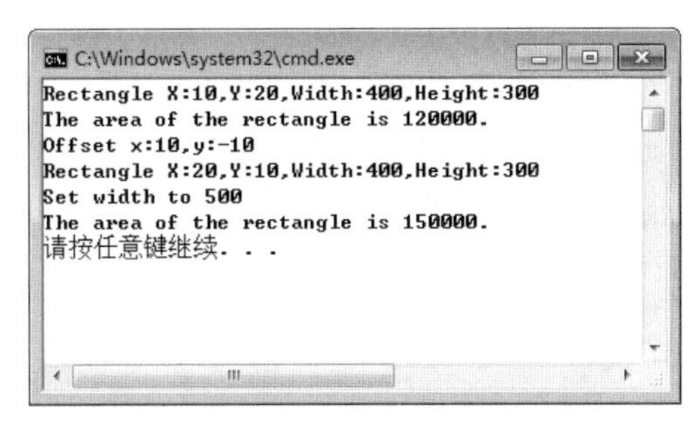

图 13.3　程序运行效果

实验 13.2 Stock 类

设计一个 Stock 类，表示一只股票。Stock 类的数据成员、属性和方法如表 13.3 所示。

表 13.3 Stock 类

成员名称	数据类型		说明
_symbol	String		私有成员，股票代码
_name	String		私有成员，公司名称
_previousClosingPrice	Double		私有成员，前一交易日收盘价格
_currentPrice	Double		私有成员，当前价格
New(symbol$, name$, previousClosingPrice#, currentPrice#)	Double		构造函数，构造一个 Stock 对象
Symbol	String		只读属性，获取股票代码
Name	String		只读属性，获取公司名称
PreviousClosingPrice	Double		属性，获取或设置前一交易日收盘价格
CurrentPrice	Double		属性，获取或设置当前股票价格
GetChangePercent()	String		方法，获取股价变动百分比

其中，股价变动百分比=(_currentPrice−_previousClosingPrice)/_previousClosingPrice × 100%。

要求：①新建一个控制台应用程序，编写 Stock 类的实现代码。②在 Main()子过程中测试 Stock 类，新建两个 Stock 对象 s1 和 s2，分别代表两家公司的股票，两家公司的股票参数如表 13.4 所示。在屏幕上输出股票代码、当前价格、股价变动百分比。其中股价变动百分比要求调用 GetChangePercent()方法获取。程序运行界面如图 13.4 所示。

表 13.4 两家公司的股票参数

股票代码	公司名称	前一交易日收盘价格	当前价格
AAPL	APPLE INC	184.82	176.69
MSFT	MICROSOFT CORP	112.09	108.52

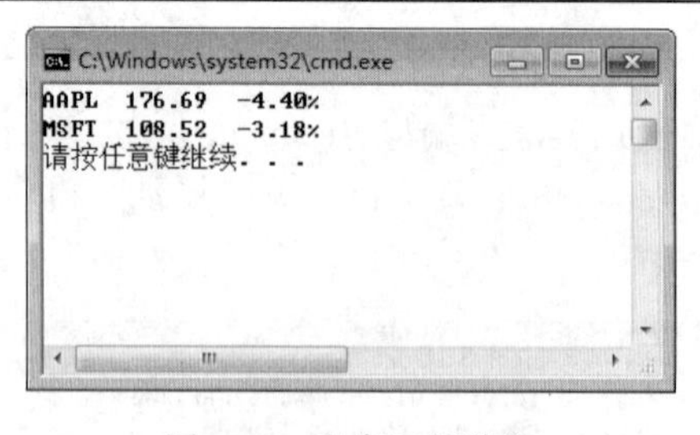

图 13.4 程序运行效果

参考建议：将一个 Double 类型的变量格式化为指定格式的字符串可以使用 String.Format()方法。

实验 13.3 AddressBook 类

设计一个通讯录类 AddressBook，用来保存学生的姓名、学校、电话号码、邮编等信息，并设计测试类的程序。运行程序界面可参考图 13.5。

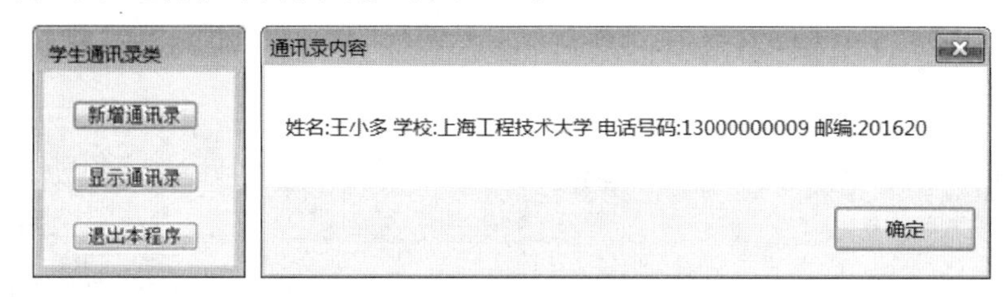

图 13.5　学生通讯录

要求：学生通讯录类 AddressBook，数据成员包括姓名 Name、学校 School、电话号码 Tele 和邮编 Post；方法包括以消息框的形式输出所有数据成员的值；属性包括设置和获取各个数据成员值的属性。

参考建议：所有的数据成员都没有计算意义，因此可以都设置成 String 类型。为窗体添加 2 个按钮，分别用于创建对象和显示对象信息，用 4 个 InputBox()函数读入对象的数据成员，用 1 个 MsgBox()函数同时输出所有数据成员的值。窗体的 ControlBox 属性为 False。

实验 14 继　　承

1. 实验目的

（1）掌握利用基类定义派生类的方法。
（2）掌握类的成员的继承方法，掌握派生类构造函数的定义。
（3）掌握在派生类中重写方法。

2. 实验范例

例题 14.1 Student 类

设计一个 Student 类，表示一个学生，Student 类派生自 Person 类，Person 类表示一个人。Person 类的数据成员、属性和方法如表 14.1 所示。

表 14.1 Person 类

成员名称	数据类型	说明
_name	String	私有成员，存储姓名
_gender	String	私有成员，存储性别
_age	Integer	私有成员，存储年龄
New(name$, gender$, age%)	–	构造函数。构造一个 Person 对象
Name	String	属性，表示姓名
Gender	String	属性，表示性别
Age	Integer	属性，表示年龄
Eat(food As String)	–	方法，表示吃食物。输出一行字符，表示在吃某种食物
Sleep()	–	方法，表示睡觉。输出一行字符，表示在睡觉
ToString()	String	重载方法，返回一个字符串，包含 Person 对象的 Name、Gender、Age

Student 类的数据成员、属性和方法如表 14.2 所示。

表 14.2 Student 类

成员名称	数据类型	说明
_no	String	私有成员，学号
_major	String	私有成员，专业

续表

成员名称	数据类型	说　明
New(name$, gender$, age%, no$, major$)	–	构造函数，构造一个 Student 对象，其中 name、gender、age 传递给基类构造函数
DoHomework()	–	方法，输出一行字符，表示学生在做作业
Sleep()	–	方法，隐藏基类 Person 的 Sleep()方法，重新实现
ToString()	String	重载方法，返回一个字符串，包含 Student 对象的 Name、Gender、Age、no 和 major

要求：①新建一个控制台应用程序，编写 Person 类和 Student 类的实现代码。②在 Main()子过程中测试 Person 类和 Student 类，新建一个 Person 对象 p1 和一个 Student 对象 s1，并分别调用基类和派生类中的属性和方法。程序运行界面如图 14.1 所示。

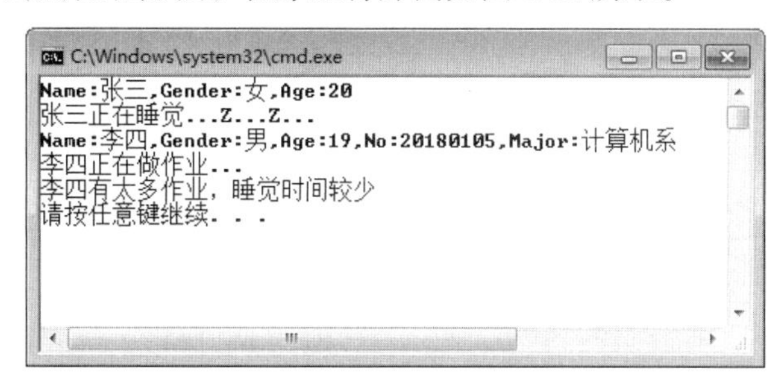

图 14.1　程序运行效果

程序代码：

```
'Person 类
Public Class Person
    '私有数据成员
    Private _name As String        '姓名
    Private _gender As String      '性别
    Private _age As Integer        '年龄
    '构造函数
    Sub New(ByVal name$,ByVal gender$,ByVal age%)
        _name=name
        _gender=gender
        _age=age
    End Sub
    'Name 属性，表示姓名
    Public Property Name() As String
        Get
            Return _name
        End Get
        Set(ByVal value As String)
            _name=value
        End Set
```

```
    End Property
    'Gender 属性，表示性别
    Public Property Gender() As String
        Get
            Return _gender
        End Get
        Set(ByVal value As String)
            If value <> "男" Or value <> "女" Then
                Throw New Exception("性别必须是'男'或'女'")
            Else
                _gender=value
            End If
        End Set
    End Property
    'Age 属性，表示年龄
    Public Property Age() As Integer
        Get
            Return _age
        End Get
        Set(ByVal value As Integer)
            If value>=0 And value<=150 Then
                _age=value
            Else
                Throw New Exception("年龄必须是 0-150 之间的整数")
            End If
        End Set
    End Property
    'Eat()方法
    Public Sub Eat(ByVal food As String)
        Console.WriteLine("{0}正在吃{1}...", Name, food)
    End Sub
    'Sleep()方法
    Public Sub Sleep()
        Console.WriteLine("{0}正在睡觉...Z...Z...", Name)
    End Sub
    Public Overrides Function ToString() As String
        Return      String.Format("Name:{0},Gender:{1},Age:{2}",_name,_gender,
_age)
    End Function
End Class

'派生类 Student，继承自 Person
Public Class Student
```

```
    Inherits Person
    '私有数据成员
    Private _no As String          '学号
    Private _major As String       '专业
    Public Sub New(ByVal name$, ByVal gender$, ByVal age%, ByVal no$, ByVal major$)
        '调用基类构造函数
        MyBase.New(name, gender, age)
        Me._no=no
        Me._major=major
    End Sub
    Public Sub DoHomework()
        Console.WriteLine("{0}正在做作业...", Me.Name)
    End Sub
    Public Shadows Sub Sleep()
        Console.WriteLine("{0}有太多作业，睡觉时间较少", Me.Name)
    End Sub
    Public Overrides Function ToString() As String
        Dim s As String
        s=MyBase.ToString()
        Return s & String.Format(",No:{0},Major:{1}",_no,_major)
    End Function
End Class
'测试模块
Module Module1
    Sub Main()
        '新建 Person 对象
        Dim p1 As Person=New Person("张三","女",20)
        Console.WriteLine(p1)
        p1.Sleep()
        '新建 Student 对象
        Dim s1 As Student=New Student("李四","男",19,"20180105","计算机系")
        Console.WriteLine(s1)
        s1.DoHomework()
        s1.Sleep()
    End Sub
End Module
```

3. 实验内容

实验 14.1　Triangle 类

设计一个 Triangle 类，表示一个三角形，Triangle 类派生自 Shape 类，Shape 类表示一个图形。Shape 类的数据成员、属性和方法如表 14.3 所示。

表 14.3　Shape 类

成 员 名 称	数 据 类 型	说　　明
_color	String	私有成员，表示图形的描边颜色
_filled	Boolean	私有成员，表示图形是否有填充颜色
Color	String	属性，设置或获取图形描边颜色
isFilled	Boolean	方法，返回图形是否有填充颜色，返回_filled 的值
ToString()	String	重载方法，返回一个字符串，包含 Shape 对象的描边颜色和是否有填充颜色

Triangle 类的数据成员、属性和方法如表 14.4 所示。

表 14.4　Triangle 类

成 员 名 称	数 据 类 型	说　　明
_a	String	私有成员，三角形的一条边
_b	String	私有成员，三角形的一条边
_c	String	私有成员，三角形的一条边
A	Double	属性，获取或设置三角形的一条边
B	Double	属性，获取或设置三角形的一条边
C	Double	属性，获取或设置三角形的一条边
GetArea()	Double	方法，获取三角形的面积
ToString()	String	重载方法，返回一个字符串，包含 Triangle 对象的描边颜色、是否有填充颜色、三条边的边长

要求：①新建一个控制台应用程序，编写 Shape 类和 Triangle 类的实现代码，在 Triangle 类的定义中应包含判断三角形的三条边是否构成三角形的代码。②在 Main()子过程中测试 Shape 类和 Triangle 类，新建一个 Shape 对象 s1 和一个 Triangle 对象 t1，并分别调用基类和派生类中的属性和方法。程序运行界面如图 14.2 所示。

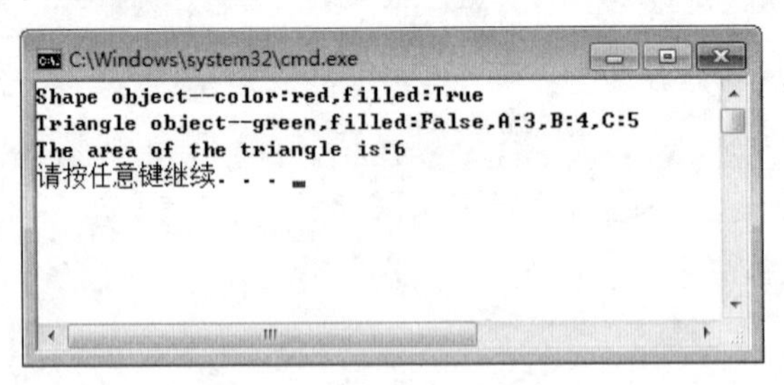

图 14.2　程序运行效果

参考建议：三角形的判断条件是三角形的任意两条边的边长大于第三条边；根据边长求三角形面积的公式为面积 $s=\sqrt{p(p-a)(p-b)(p-c)}$ ，其中 p=(a+b+c)/2。

实验 14.2　Alert 类

设计一个 Clock 类，表示钟表，能描述时间，在 Clock 类的基础上派生出 Alert 类，Alert 类表示闹钟，模拟闹钟功能。运行程序界面可参考图 14.3。

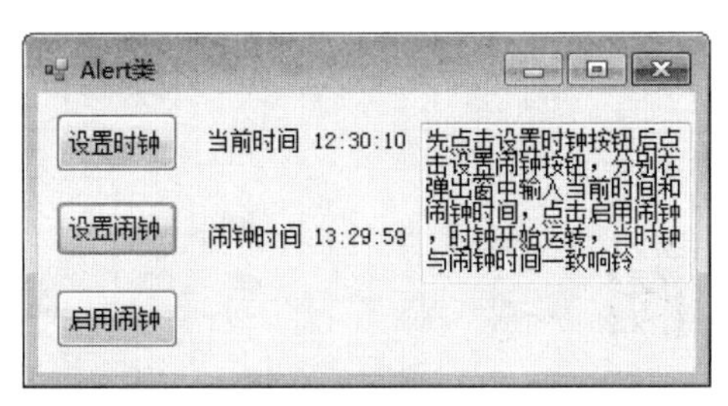

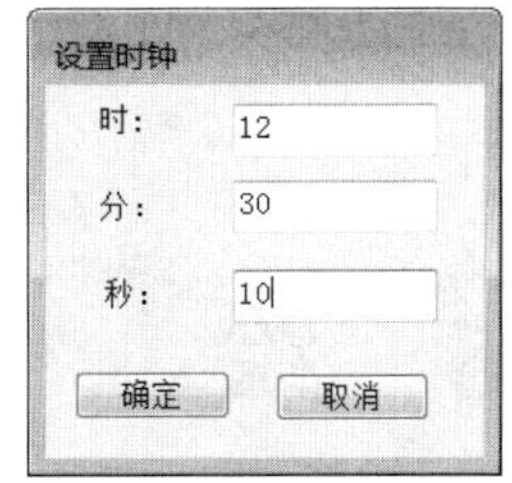

图 14.3　程序运行效果

要求：钟表类 Clock 数据成员有时、分、秒，方法包括设置时间和显示时间。闹钟类 Alert，新增数据成员有响铃时间，方法包括响铃、显示响铃时间和设置响铃时间。

参考建议：Alert 增加三个数据成员分别保存响铃时间的时、分、秒。显示响铃时间可以是重写基类 Clock 中的显示时间方法，也可以重新定义一个方法来实现。响铃功能可以弹出消息框表示。时、分、秒的输入在一个新的窗体中完成。可适当在窗体中添加操作说明文字。

实验 15 绘　　图

1. 实验目的

（1）掌握 GDI+的画图三个步骤；熟悉画布、画笔的定义，以及各种绘图方法。
（2）掌握 GDI+的书写三个步骤，熟悉画刷、字体的定义，以及书写方法和各种填充方法。
（3）掌握绘制函数图形的基本步骤和方法（圆点法、线点法、折线法）。
（4）掌握坐标变换和坐标系变换的计算公式。

2. 实验范例

例题 15.1　绘制函数曲线、坐标刻度，并计算面积

构建一块充满窗体的 PictureBox 画布，定义一支黑色绘图笔、一支 3 线宽蓝色画坐标轴笔，以及相应的画刷颜色和书写字体。单击“绘制图形”按钮，绘制出具有箭头的坐标轴及坐标标记；同时，绘制出 x 在−2π～3π的分段函数 $y=f(x)=\begin{cases}0.05x^2 & (x<0)\\ 2e^{-0.2x}\sin 2x & (x\geqslant 0)\end{cases}$ 图形。当函数值 y<0 时，绘制该点至 x 轴的垂线，并计算出它所围起的近似面积，显示在窗体的左下角。最后，还要求标上坐标刻度和数值，如图 15.1 所示。

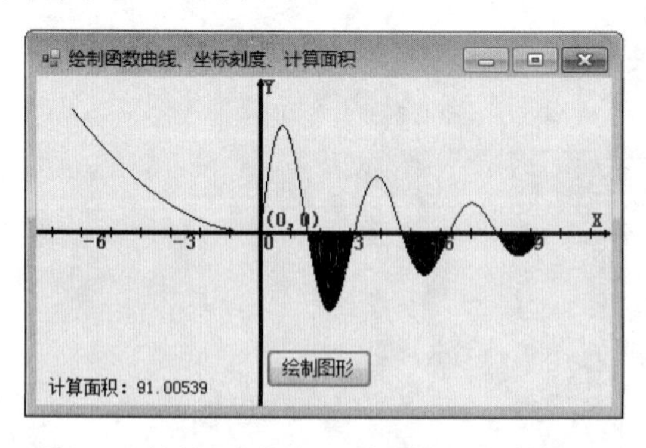

图 15.1　绘制函数曲线、坐标刻度，并计算面积

设计分析：这是函数绘图中要求比较完整的一个实例。由于 x 范围不对称（新原点偏左），可以通过实验方法大致确定（x_0,y_0）、ampX、ampY 和 delt。首先，进行坐标系平移变换，简化绘图点坐标（x_2,y_2）的计算；由于采用折线法，需要在循环前对起点坐标 x_a 进行绘图点坐标的先行计算，得到（x_1,y_1）；当 y 值<0 时，计算出的绘图点坐标（x_2,y_2）向 x 轴画垂线，并用 y_2*delt

绝对值的矩形面积近似真实面积(注意:只要有文本书写,就不能进行 y 轴反转的 ScaleTransform 变换;否则,书写文本都会反转。)。

程序代码:

```
'引入数学库(此例中用到 Sin 函数、Exp 函数)
Imports System.Math
'引入高级 2D 绘图库(此例中用到箭头样式)
Imports System.Drawing.Drawing2D
Public Class Form1
    Const PI=3.1415926
    '自定义分段函数(左半支)
    Function f1(ByVal x As Single) As Single
        f1=0.05 * x * x
    End Function
    '自定义分段函数(右半支)
    Function f2(ByVal x As Single) As Single
        f2=2 * Exp(-0.2 * x) * Sin(2 * x)
    End Function
    '绘图按钮事件
    Private Sub Button1_Click(…) Handles Button1.Click
        '构建 PictureBox1 画布
        Dim g As Graphics=PictureBox1.CreateGraphics
        '绘图画笔 1
        Dim p1 As New Pen(Color.Black)
        '坐标轴画笔 2
        Dim p2 As New Pen(Color.Blue, 3)
        '坐标轴红色标记画刷 1
        Dim b1 As New SolidBrush(Color.Red)
        '坐标轴绿色刻度字画刷 2
        Dim b2 As New SolidBrush(Color.Green)
        '字体
        Dim f As New Font("宋体",10,FontStyle.Bold)
        Dim x0,y0,xa,xb,x1,y1,x2,y2,delt,s As Single
        Dim ampX,ampY As Integer
        '确定新坐标系原点(x0,y0)
        x0=150 : y0=100
        '坐标系平移变换
        g.TranslateTransform(x0,y0)
        '画坐标轴线(定义坐标轴箭头)
        p2.SetLineCap(LineCap.Flat,LineCap.ArrowAnchor,DashCap.Flat)
        '画 y 轴
        g.DrawLine(p2,0,PictureBox1.Height-y0,0,-y0)
        '画 x 轴
        g.DrawLine(p2,-x0,0,PictureBox1.Width-x0,0)
```

```
'坐标系标记
g.DrawString("(0,0)",f,b1,0,-15)
g.DrawString("Y",f,b1,0,-y0)
g.DrawString("X",f,b1,PictureBox1.Width-x0-15,-15)
'面积累加器
s=0
'放大系数、精度设置
ampX=20 : ampY=40 : delt=0.01
'x 绘制范围（xa,xb）
xa=-2 * PI : xb=3 * PI
'数学点 xa 作为图像坐标起始点（x1,y1）
x1=xa * ampX : y1=-f1(xa) * ampY
'数学 x 的离散点
For x=xa+delt To xb Step delt
    '当前数学 x 的绘图点横坐标 x2
    x2=x * ampX
    '当前数学 x 的绘图点纵坐标 y2
    If(x<0) Then
        '左半支函数
        y2=-f1(x) * ampY
    Else
        '右半支函数
        y2=-f2(x) * ampY
    End If
    If y2<0 Then
        '画(x1,y1)-(x2,y2)折线
        g.DrawLine(p1,x1,y1,x2,y2)
        'g.DrawEllipse(p1,x2,y2,1,1)
    Else
        '画(x2,y2)到 x 轴的垂线
        g.DrawLine(p1,x2,y2,x2,0)
        '计算近似面积
        s=s+y2 * delt
    End If
    '本次线段终点作为下次起点
    x1=x2 : y1=y2
Next x
'计算面积显示
Label1.Text="计算面积: " & s
'坐标轴刻度字
For i=-8 To 11
    '绘制刻度线
    g.DrawLine(p1,i * ampX,-3,i * ampX,3)
```

```
            '刻度字 0,3,6,9,...
            If i Mod 3=0 Then
                g.DrawString(i.ToString(),f,b2,i * ampX,0)
            End If
        Next
    End Sub
End Class
```

例题 15.2　绘制统计图表

编制一个统计三门课程分数的总分占比圆饼图和分数直方图。在窗体上布局三个水平滚动条（0~100 分）分别表示三门课程分数。改变任何一个滚动条的数值，联动显示三组“获取分数”“占百分比”标签数值。窗体上构建一块大小合适的 PictureBox 画布，单击“圆饼图”按钮，在画布上绘制出相应的圆饼图，如图 15.2 所示；单击“直方图”按钮，在画布上绘制出相应的直方图，如图 15.3 所示。

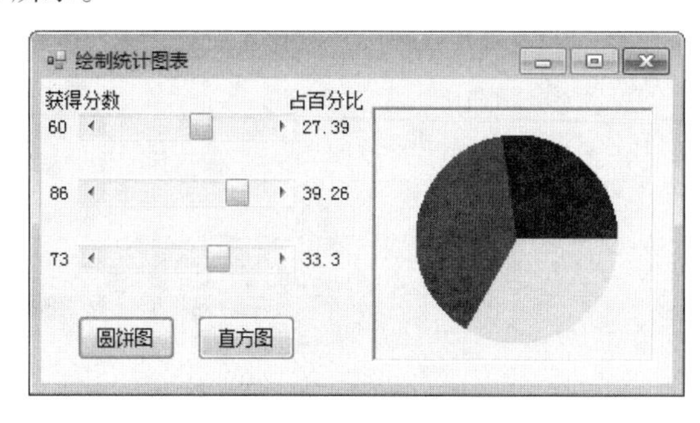

图 15.2　绘制圆饼图

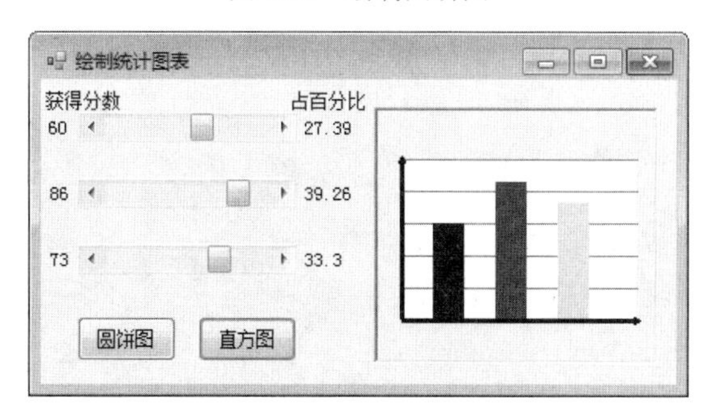

图 15.3　绘制直方图

设计分析：运用三个滚动条 Scroll 过程的联动一次计算三组“获得分数”“占百分比”值。定义 3 色填充刷数组。绘制圆饼图时，将百分比换算成占比 360° 的角度，从 0° 开始，逆时针依次绘制（填充）扇形。绘制直方图时，先进行了坐标系平移变换，便于直方柱的计算；填充直方图底色区域；绘制刻度底线；然后根据直方柱的宽度和间隔，依次绘制（填充）直方柱矩形；最后，绘制轴箭头线。

程序代码：

```
Imports System.Drawing.Drawing2D
Public Class Form1
```

```
Private Sub hs1_Scroll(…) Handles hs1.Scroll,hs2.Scroll,hs3.Scroll
    Dim s As Integer
    '显示滚动条数值
    Label1.Text=hs1.Value
    Label2.Text=hs2.Value
    Label3.Text=hs3.Value
    '占比分母 s; 换算成百分比显示在标签上
    s=hs1.Value+hs2.Value+hs3.Value
    Label4.Text=hs1.Value/s * 100
    Label5.Text=hs2.Value/s * 100
    Label6.Text=hs3.Value/s * 100
End Sub
'绘制圆饼图
Private Sub Button1_Click(…) Handles Button1.Click
    '构建 PictureBox1 画布
    Dim g As Graphics=PictureBox1.CreateGraphics()
    '定义画布(25,15)开始的 130×130 圆饼区域
    Dim myRec As Rectangle=New Rectangle(25,15,130,130)
    '定义一个 3 色填充刷数组
    Dim b() As Brush={New SolidBrush(Color.Blue), _
                      New SolidBrush(Color.Red), _
                      New SolidBrush(Color.Yellow)}
    '分数百分比数组、折换成 360°占比数组
    Dim pct(3),ang(3),startAngle As Single
    '从百分比标签上获取数值
    pct(0)=Label4.Text
    pct(1)=Label5.Text
    pct(2)=Label6.Text
    '圆饼图起始角
    startAngle=0
    '清屏
    g.Clear(PictureBox1.BackColor)
    '依次绘制 3 个扇形
    For i=0 To 2
        '将百分比换算成 360°占比
        ang(i)=pct(i) * 360/100
        '绘制扇形: 填充画刷、圆饼区域、起始角度、扫描角度(逆时针)
        g.FillPie(b(i),myRec,startAngle,-ang(i))
        '逆时针起始角度
        startAngle=startAngle-ang(i)
    Next
End Sub
'绘制直方图
```

```
    Private Sub Button2_Click(…) Handles Button2.Click
        '构建 PictureBox1 画布
        Dim g As Graphics=PictureBox1.CreateGraphics()
        '定义绘制刻度底线笔 p1、绘制图轴笔 p2
        Dim p1 As Pen=New Pen(Color.Gray), p2 As Pen=New Pen(Color.Black, 3)
        '定义一个 3 色填充刷数组
        Dim b() As Brush={New SolidBrush(Color.Blue), _
                         New SolidBrush(Color.Red), _
                         New SolidBrush(Color.Yellow)}
        '定义直方图绘图区域底色的填充刷
        Dim bb As New SolidBrush(Color.White)
        '画布坐标系平移至直方图区域（方向不变）
        g.TranslateTransform(15,30)
        '清屏
        g.Clear(PictureBox1.BackColor)
        '填充直方图区域底色
        g.FillRectangle(bb,0,0,150,100)
        '直方柱宽度 dw、直方柱间隔 dg
        Dim dw,dg As Integer
        '绘制直方图区域的刻度底线，单位为 20
        For i=0 To 4
            g.DrawLine(p1,0,20 * i,150,20 * i)
        Next
        '直方柱宽度=20；直方柱间隔=20
        dw=20 : dg=20
        '第 1 直方柱
        g.FillRectangle(b(0),dg,100-hs1.Value,dw,hs1.Value)
        '第 2 直方柱
        g.FillRectangle(b(1),dg * 2+dw,100-hs2.Value,dw,hs2.Value)
        '第 3 直方柱
        g.FillRectangle(b(2),dg * 3+dw * 2,100-hs3.Value,dw,hs3.Value)
        '定义箭头线样式
        p2.SetLineCap(LineCap.Flat,LineCap.ArrowAnchor,DashCap.Flat)
        '画 x 轴
        g.DrawLine(p2,0,100,153,100)
        '画 y 轴
        g.DrawLine(p2,0,100,0,-3)
    End Sub
End Class
```

3. 实验内容

实验 15.1　绘制简单函数图形

在 400×250 的窗体上，选用 Label 作为画布。单击画布，绘制坐标轴和 cos(*x*)函数在 -2π ～

2π的图形，如图 15.4 所示。

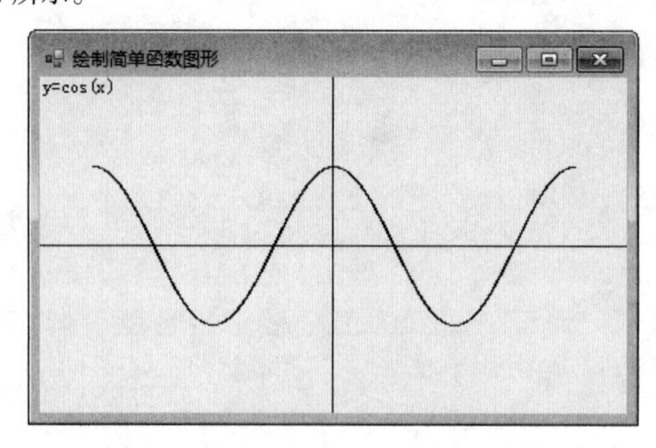

图 15.4　绘制 cos(*x*)函数图形（线点法）

要求：自行设置坐标系原点位置（x_0,y_0）；自行调节精度间隔和放大系数。

参考建议：（x_0,y_0）为画布中心；delt=0.01；ampX=25；ampY=50。可分别采用圆点法、线点法和折线法。还可分别试用变换坐标、平移坐标系、反转 y 轴计算绘图点算式绘图。

实验 15.2　绘制复杂函数图形及坐标要素

在 400 × 250 的窗体上，选用 PictureBox 作为画布。单击画布，绘制分段函数

$$y=f(x)=\begin{cases}-0.5x^3-3x^2+1.5-\sin x & (x<0)\\ 3e^{-0.3x}\cos(\frac{3}{2}x-\frac{\pi}{3}) & (x\geqslant 0)\end{cases}$$

在-π～4π的图形，同时，计算出 y>0 曲线与 x 轴所围的面积，显示在画布的右下角，并将这些面积填充黑色。最后绘制坐标轴和刻度标记等要素，如图 15.5 所示。

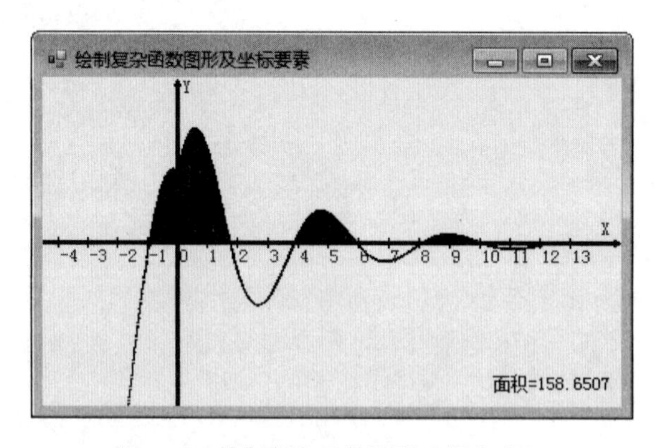

图 15.5　绘制复杂函数图形（圆点法）

要求：自行设置坐标系原点位置（x_0,y_0）；自行调节精度间隔和放大系数。

参考建议：根据-π～4π范围，确定(90,y_0)为画布偏左原点；delt=0.01；ampX=20；ampY=30。可分别采用圆点法和线点法。当 y>0 时，绘制向 x 轴的垂线，或绘制矩形。坐标刻度标记最后画，以免被图形覆盖。面积标签初始不能为空白，留几个空格即可。由于画布需要书写坐标刻度和标记，不能采用 y 轴反转变换。

实验 15.3　绘制参数方程曲线

在 300 × 300 的窗体上，选用 Label 作为画布。单击画布，先绘制坐标轴，再绘制参数方程：$\begin{cases} x = \sin(\dfrac{nt}{2}) * \cos(2t) \\ y = \sin(\dfrac{nt}{2}) * \sin(2t) \end{cases}$ $(0 \leqslant t \leqslant 2\pi)$ 的曲线。n（范围 1～20）与放大系数（范围 10～99）分别由两个滚动条控制，运行界面如图 15.6 所示。单击“清屏”按钮，清除画布上的图形和文字。

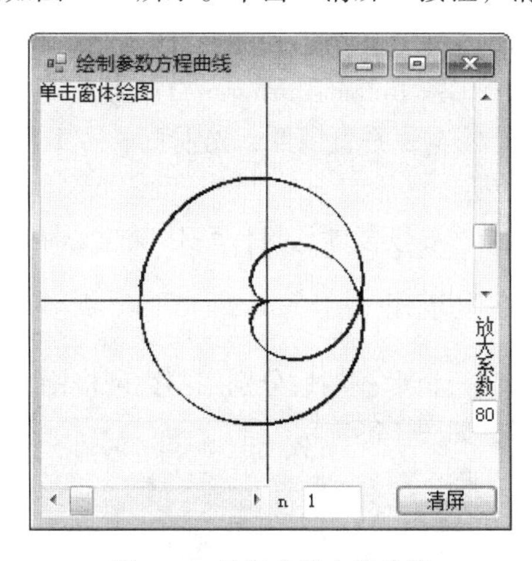

图 15.6　绘制参数方程曲线

实验 15.4　绘制圆饼图

在窗体上先后输入一至四年级学生的人数，单击“绘制圆饼图”按钮，在 PictureBox 画布上绘制按人数比例的圆饼图，如图 15.7 所示。

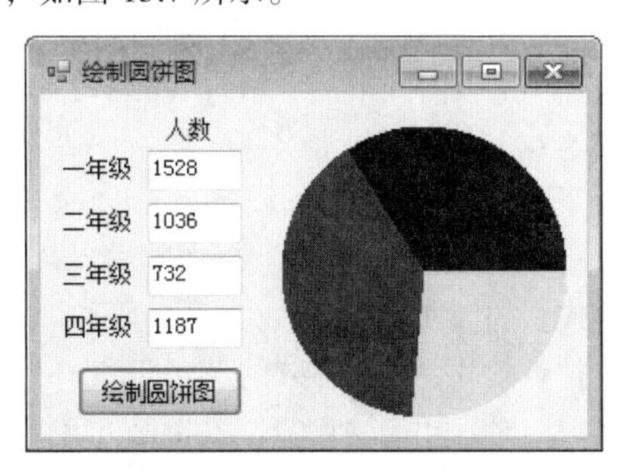

图 15.7　年级人数圆饼图

实验 15.5　文字变幻

运用坐标系变换方法和定时器控制，完成“文字移动”“文字旋转”“文字缩放”“文字镜像”等书写变幻，部分效果如图 15.8 所示。

（a）文字旋转

（b）文字镜像

图 15.8　文字变幻效果

要求：①文字自左向右水平移动：定时器控制坐标系 TranslateTransform(1,0)变换；②文字逆时针绕圈旋转：定时器控制坐标系 RotateTransform(–5)变换；③文字由小到大缩放：定时器控制 ScaleTransform(1.1,1.1)变换；④文字垂直镜像：先垂直平移 TranslateTransform(0,20)变换，再 y 轴反转 ScaleTransform(1,–1)变换。

参考建议：每种文字变幻后都要恢复默认坐标系 ResetTransform。

实验 15.6　基本图形的绘制和填充

依次绘制矩形、圆、扇形和三角形，然后分别用图案网格刷、双色渐变刷、单色实体刷和图片纹理刷填充这些封闭图形，如图 15.9 所示。

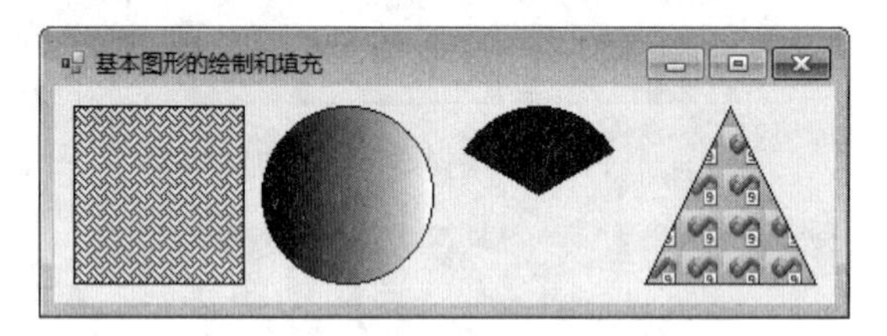

图 15.9　基本图形的绘制和填充

参考建议：先定义一个 90×90 的 Rectangle 对象变量（如 Dim rect As Rectangle=New Rectangle(10, 10, 90, 90)）。当绘制完当前图形后，执行 rect.X=rect.X+100 语句（90 宽度，10 间隔），那么。下一个矩形区域的左上角坐标就是（rect.X,rect.Y）。

实验 15.7　窗体造型

设计一个三角形的窗体样式，如图 15.10 所示。

参考建议：先给窗体加载背景图片，通过 Me 的 Width 和 Height，确定三角形顶点的 Point 数值坐标。运用 AddPolygon 方法，将三角形加入 GraphicsPath 对象，再重新构造 Me.Region。

图 15.10　三角形窗体造型

实验 15.8　绘制任意等分多边形

构建 Label 作为画布，其 Text 属性表示等分数。窗体下方放置一个水平滚动条（范围 3～99），滑动滚动条，改变等分数值。单击画布，绘制一个正方形区域以及它的内切圆。从内切圆的 90°位置开始，绘制等分多边形，如图 15.11 所示。

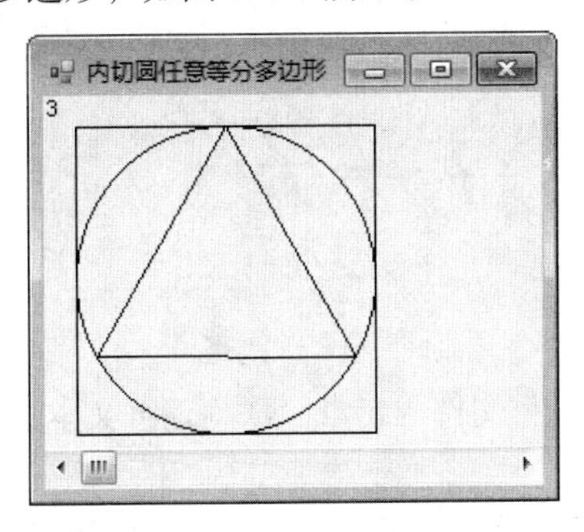

图 15.11　绘制任意等分多边形

参考建议：定义一个正方形区域，确定其（x_0,y_0）位置。圆周上的等分点，运用 $x= x_0+r*\cos(\theta)$ 和 y= y0−r*sin(θ)计算可得（其中，r 为内切圆半径，θ为累加等分角弧度）。构造动态数组，运用绘制多边形方法，在画布上绘制出等分多边形。可以看出，当等分数越来越大时，多边形已经近似一个圆。

实验 16 文　　件

1. 实验目的

（1）掌握文件的分类以及各类文件的特点。深刻理解文本文件、随机文件和二进制文件的区别与作用。

（2）掌握文件访问三步曲，熟悉用运行时函数直接文件访问的方法实现对文件的读写操作。

（3）了解 Visual Basic.NET 的 System.IO 命名空间和 My.Computer.FileSystem 对象访问文件的方法。

2. 实验范例

例题 16.1　读取文本文件

从文本文件读取学生成绩信息，并显示统计结果，在新的窗体中以柱形图形式显示成绩的分布情况。程序主窗体 Form1 中的菜单设计如表 16.1 所示。

表 16.1　菜单说明

菜　单　项	名　　称	说　　明
应用	mnuApp	一级菜单
打开文件	mnuOpen	二级菜单
统计成绩	mnuCalc	二级菜单
-	mnuBar1	分隔线
退出	mnuExit	二级菜单
绘图	mnuDraw	一级菜单

程序主要完成以下三点功能：

（1）“打开文件”菜单项实现从 C:\score.txt 文件读取学生成绩信息（由学号、姓名、成绩组成，格式如图 16.1 所示），将姓名与成绩分别显示在两个列表框中，列表框的数据项要求实现“选项同步”，即选择任意一个列表框中的某一项时，另一个列表框也同步地选择同一条记录的有关信息。运行界面如图 16.2 所示。

（2）单击“统计成绩”菜单项，能计算出成绩相应等级 A（90～100）、B（80～89）、C（70～79）、D（60～69）、E（0～59）的人数；并将统计结果保存到运行程序所在的文件夹下的名为 statistics.dat 的文件中。

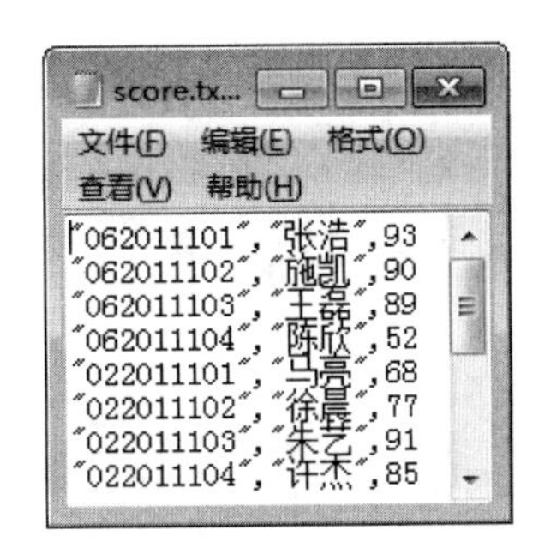

图 16.1 Score.txt 数据格式

（3）单击“绘图”菜单项，隐藏主窗体 Form1 并显示绘图窗体 Form2。Form2 中有两个按钮：“绘图”按钮的单击事件实现从 statistics.dat 文件中读取统计结果，并绘制出 A～E 各等级的人数分布图。运行界面如图 16.3 所示。“返回”按钮的单击事件实现隐藏 Form2，显示主窗体。

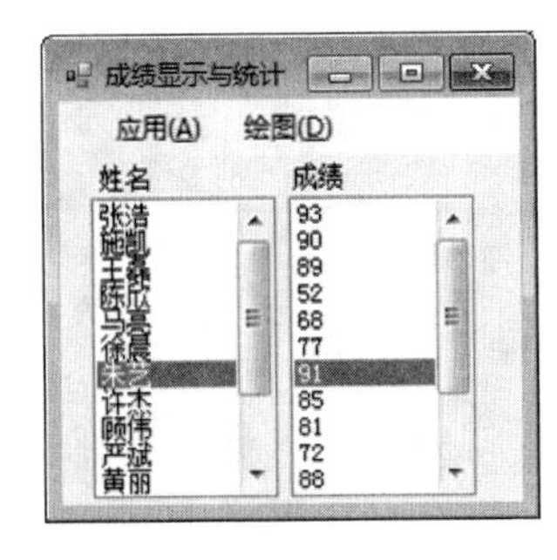

图 16.2 主窗体（Form1）

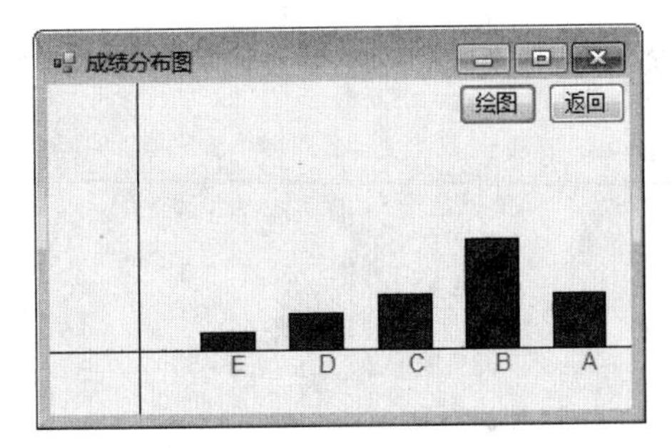

图 16.3 绘图窗体（Form2）

设计分析：

（1）在主窗体 Form1 中添加菜单，并根据表 16.1 所示设计菜单项。添加列表框 ListBox1 和 ListBox2，分别用于显示姓名与成绩。

（2）在“打开文件”菜单 mnuOpen 的单击事件中使用“直接文件访问”方法读取学生信息（以顺序文件读方式打开文件，用 Input()函数读取数据项），并将姓名与成绩显示在对应的列表框中。

（3）为实现两个列表框的“选项同步”，在每个列表框的 SelectedIndexChanged 事件中将 SelectedIndex 属性赋给需要同步的列表框对象。

（4）在“统计成绩”菜单 mnuCalc 的单击事件中，先读取成绩列表框中的每一项值，根据百分制与等级的转换方法，把统计结果存放到数组中（如 a(0)存放 A 级人数，a(1)存放 B 级人数，依次类推）；再使用顺序文件写的访问方式，在当前程序所在文件夹下（可用 Application.StartupPath 获得）创建 statistics.dat 文件，用 Write()函数将等级和人数写入该文件。

（5）在“绘图”菜单 mnuDraw 的单击事件中，先用 Me.Hide()隐藏主窗体，再用 Form2.Show 显示绘图窗体。

（6）在绘图窗体 Form2 中的“绘图”按钮单击事件中，先用顺序文件读的方式，将 statistics.dat 文件中的数据读入数组；在窗体中创建画布，并将数组中的数据大小。

主窗体 Form1 的程序代码：

```
Public Class Form1
Private Sub mnuOpen_Click(…) Handles mnuOpen.Click '从 score.txt 文件读取数据到列
表框
    Dim fileNum As Integer, xh As String, xm As String,cj As Integer
    xh="" : xm="" : cj=0  '三个变量分别用于存放读取的学号、姓名和成绩
    fileNum=FreeFile()                                  '获取可以使用的文件号
    FileOpen(fileNum,"C:\score.txt",OpenMode.Input)   '以读方式打开文件
    Do While Not EOF(fileNum)                            '循环从文件中读取内容
        Input(fileNum,xh)                               '读取学号
        Input(fileNum,xm)                               '读取姓名
        Input(fileNum,cj)                               '读取成绩
        ListBox1.Items.Add(xm)                          'ListBox1 列表框用于存放姓名
        ListBox2.Items.Add(cj)                          'ListBox2 列表框用于存放成绩
    Loop
    FileClose(fileNum)                                   '关闭文件
End Sub
Private Sub ListBox1_SelectedIndexChanged(…) Handles
ListBox1.SelectedIndexChanged
    ListBox2.SelectedIndex=ListBox1.SelectedIndex    'ListBox2 相应选项被选中
End Sub
Private Sub ListBox2_SelectedIndexChanged(…) Handles
ListBox2.SelectedIndexChanged
    ListBox1.SelectedIndex=ListBox2.SelectedIndex    'ListBox1 相应选项被选中
End Sub
Private Sub mnuCalc_Click(…) Handles mnuCalc.Click
    '"统计成绩"菜单项单击事件,根据成绩与等级的对应关系,统计 A~E 各有多少人数
    Dim a(4),i,t,fileNum As Integer
    For i=0 To ListBox2.Items.Count-1             '循环读取成绩列表框中的每项值
        t=Val(ListBox2.Items(i))                  '将成绩转换成整数类型
        Select Case t                             '判断成绩的取值范围，用于映射到等级
            Case 90 To 100
                a(0)=a(0)+1                     '数组元素 a(0)存放 A 级人数
            Case 80 To 89
                a(1)=a(1)+1                     '数组元素 a(1)存放 B 级人数
            Case 70 To 79
                a(2)=a(2)+1                     '数组元素 a(2)存放 C 级人数
            Case 60 To 69
                a(3)=a(3)+1                     '数组元素 a(3)存放 D 级人数
            Case Else
                a(4)=a(4)+1                     '数组元素 a(4)存放 E 级人数
        End Select
    Next i
```

```
        fileNum=FreeFile()                                '获取可以使用的文件号
        FileOpen(fileNum,Application.StartupPath        &        "\statistics.dat",
OpenMode.Output)
        For i=0 To 4 Step 1
            WriteLine(fileNum,Chr(65+i),a(i))         '写入文件，第一项为等级，第二项为人数
        Next i
        FileClose(fileNum)                                '关闭文件，确保缓冲区中数据写入文件
    End Sub
    Private Sub mnuExit_Click(…) Handles mnuExit.Click
        End
    End Sub
    Private Sub mnuDraw_Click(…) Handles mnuDraw.Click
        Me.Hide()                                         '隐藏当前窗体
        Form2.Show()                                      '显示用于绘制成绩分布图的窗体
    End Sub
    End Class
```

绘图窗体 Form2 的程序代码：

```
    Public Class Form2
    Private Sub btnDraw_Click(…) Handles btnDraw.Click
        '以下代码用于从文件中读取统计数据到数组 a，a(0)到 a(4)分别保存 E~A 级人数
        Dim a(4),n,fileNum As Integer,degree As String
        degree="" : n=0
        fileNum=FreeFile()                                    '获取可以使用的文件号
        FileOpen(fileNum,"C:\statistics.txt",OpenMode.Input)  '以读方式打开文件
        Do While Not EOF(fileNum)                             '循环从文件中读取内容
            Input(fileNum,degree)                 '将成绩等级字母读到变量 degree 中
            Input(fileNum,n)                      '将对应的人数读到变量 n 中
            a(69 - Asc(degree))=n                 'a(0)存放 E 级人数,a(1)存 D 级,...a(4)存 A 级
        Loop
        FileClose(fileNum)                                '关闭文件

        '以下根据数组 a 中存放的数据绘制柱形图
        Dim g As Graphics=Me.CreateGraphics()             '在窗体上构造画布 g
        Dim p As New Pen(Color.Black)                     '定义黑色画笔
        Dim b As New SolidBrush(Color.Red)                '定义红色画刷
        Dim x0,y0 As Single,i As Integer                  'x0,y0 用于存放坐标原点
        x0=50 : y0=Me.Height * 2 / 3                      '给坐标原点赋值
        g.DrawLine(p,0,y0,Me.Width,y0)                    '画 x 轴
        g.DrawLine(p,x0,0,x0,Me.Height)                   '画 y 轴
        Dim f As New Font("Arial",10,FontStyle.Regular)  '定义字体，用于 x 轴上标示
E,D,C,B,A
        For i=0 To 4
```

```
        Dim x,h As Single  'x用于保存每个柱形的中心点,即E,D,C,B,A标示点的x轴位置
        x=x0+50 * (i+1)                           '设置每个柱形中心点之间的距离为50
        g.DrawString(Chr(69-i),f,b,x,y0)  '在画布上输出x轴上的标示点
        h=a(i) * 10                               '柱形的高度,用相应等级的人数乘以10表示
        Dim bar As New Rectangle(x-15,y0-h,30,h)      '定义柱形区域的范围
        g.FillRectangle(b,bar)                     '用红色画刷填充柱形区域
        g.DrawRectangle(p,bar)                     '用黑色画笔画出柱形(外边缘)
    Next i
End Sub
Private Sub btnBack_Click(…) Handles btnBack.Click
    Me.Hide()                                     '隐藏当前绘图窗体
    Form1.Show()                                  '显示主窗体
End Sub
End Class
```

说明：在绘制“成绩分布柱形图”时，为了让E级在左边，A级在右边，在从statistics.dat文件读取数据时，将A～E级的数据分别映射到数组的a(4)～a(0)五个元素中。根据图16.4所示的柱形图坐标分析可得：每个柱形中心之间的距离为50，并且相对于(x_0,y_0)点偏移。每个柱形的宽度为30，高度为该等级的人数乘以10，即代码中h = a(i) * 10。

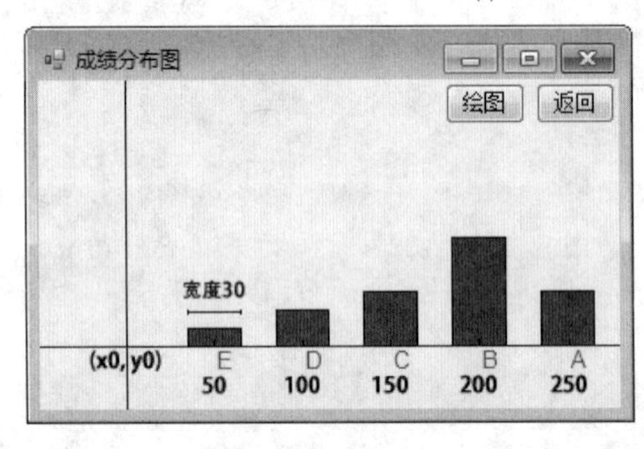

图16.4　柱形图坐标分析

3. 实验内容

实验16.1　文本文件写操作

通过顺序文件写操作，将表16.2所示的充值卡信息，写入cards.txt文本文件。文件保存在当前程序文件所在的目录，数据格式如图16.5所示。

表16.2　充值卡信息

类别（String）	面值（Integer）	有效日期（Date）	售价（Float）
移动	50	2012-12-31	49.5
联通	100	2012-12-25	96.5
电信	200	2013-12-31	195.6

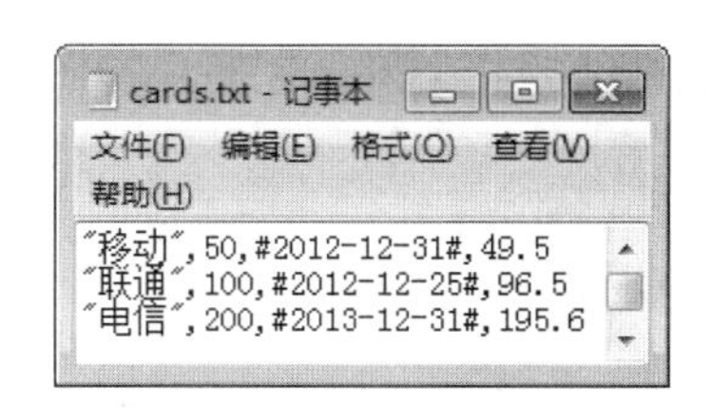

图 16.5　cards.txt 数据格式

要求：程序运行效果如图 16.6 所示，其中“类别”从下拉列表中选择；“面值”与“售价”信息从文本框输入；“有效日期”从日期控件中选择。定义结构体 CardType 用于保存一条信息（成员及类型参考表 16.2）。单击“添加到数组”按钮，实现将输入的数据存储到结构体数组中；单击“写入文本文件”按钮，实现将数组中的所有信息写入 cards.txt 文件，完成后显示图 16.7 所示的提示对话框。

参考建议：

（1）“有效日期”的选择可使用 DateTimePicker 控件实现。

（2）可定义窗体级结构类型数组，预设数组长度为 10，如 Dim cards(9) As CardType，其中 CardType 为已定义的结构体。每单击一次“添加到数组”按钮给第 n 项元素赋值，当 n 大于 9 时，显示图 16.8 所示的提示信息。

（3）“写入文本文件”单击事件中，通过 Application.StartupPath & "\cards.txt"形成文件路径。通过 FileOpen 创建文件；Write()/WriteLine()函数写入结构体数组中的数据；最后关闭保存文件。

图 16.6　数据添加到数组

图 16.7　数据写入到文件

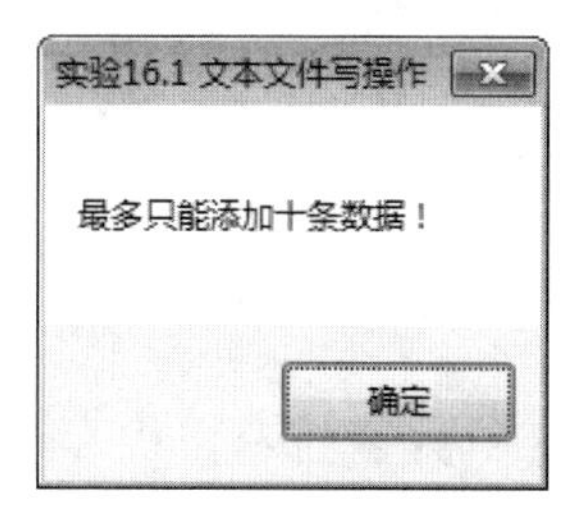

图 16.8　数组存满提示

实验 16.2　文本文件读操作

通过顺序文件读操作，将实验 16.1 生成的 cards.txt 文件中的数据读出并显示在列表框中。程序运行效果如图 16.9 所示。

图 16.9　程序运行效果

要求：用 Input()函数读取数据，并将数据项先保存在 CardType 结构体变量中再显示。

参考建议：可复制实验 16.1 定义的结构体类型。读文件时，可预先将 cards.txt 文件复制到固定目录（如 C:\），或用 OpenFileDialog 控件选择要打开的 cards.txt 文件。

实验 16.3　制作简单文本文件编辑器

“打开”按钮实现：将选择的文本文件内容显示在文本框中。可以在文本框中编辑文件内容，单击“保存”按钮将新的数据写入同名文件。程序运行效果如图 16.10 所示。

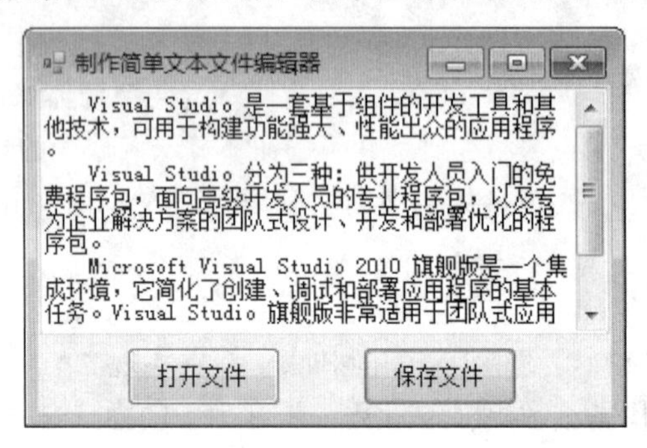

图 16.10　程序运行效果

要求：只有先打开文件，才能进行保存操作。可记录所打开的文件的名称（包括绝对路径），在保存时覆盖该文件。

参考建议：“保存文件”按钮在初始状态下不可用；在“打开文件”按钮的单击事件中，用 OpenFileDialog 控件选择要打开的文件；当确定选择了文件，先记录该文件的名称与路径，再把数据读入文本框，并使“保存文件”按钮可用。

实验 16.4　随机文件读写操作

将实验 16.1 与 16.2 改成用随机文件保存数据，实现写与读功能。程序运行效果如图 16.11 所示。

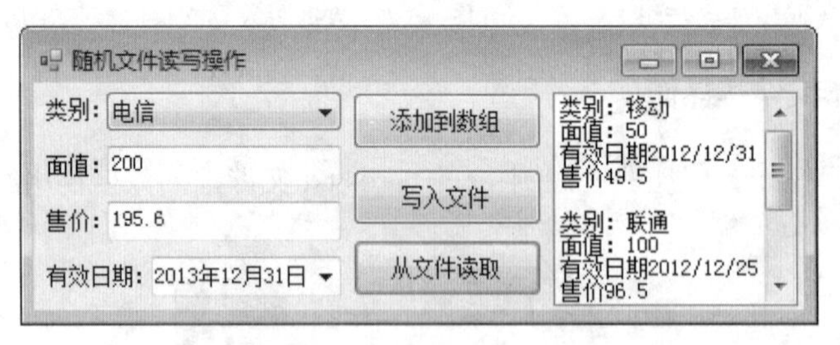

图 16.11　程序运行效果

要求：要用随机访问模式（打开时用 OpenMode.Random 模式）进行读写。从左边的控件中选择/输入类别、面值、售价和有效日期等信息。单击“添加到数组”按钮，实现将输入的数据存储到结构体数组中；单击“写入文件”按钮，实现将数组中的所有信息写入 cards.dat 文件（存储在当前应用程序所在目录下）；单击“从文件读取”按钮，从 cards.dat 文件读取数据，并显示在右边的列表框中。

实验 16.5　Fibonacci 数列存取

将 Fibonacci（斐波那契）数列的前 20 项写入二进制文件 C:\Fibo.dat，再读取其中的奇数项并显示在文本框中。运行界面如图 16.12 所示。

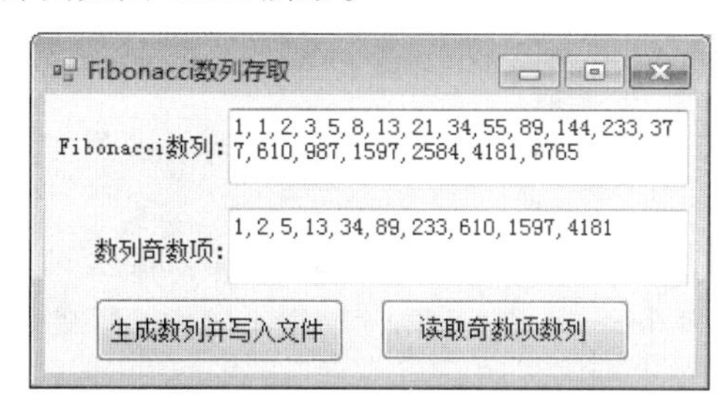

图 16.12　程序运行效果

要求：单击“生成数列并写入文件”按钮，实现：通过循环计算出 Fibonacci 数列前 20 项的值存放在数组中，并在文本框中显示；通过循环将数组元素写入二进制文件 Fibo.dat；最后通过关闭文件进行保存。单击“读取奇数项数列”按钮将数列奇数项显示在文件框中。

实验 16.6　图像正片叠底

对于曝光过度的图像可通过“正片叠底”的变暗算法使图像质量得到改善。对于 BMP 图像，可将像素数据区的值（假设为 b）改成 b*b/255 即可。通过二进制文件的读写操作，完成 C:\MorningGlory1.bmp 的正片叠底操作，并保存为 C:\MorningGlory2.bmp。程序运行效果如图 16.13 所示。

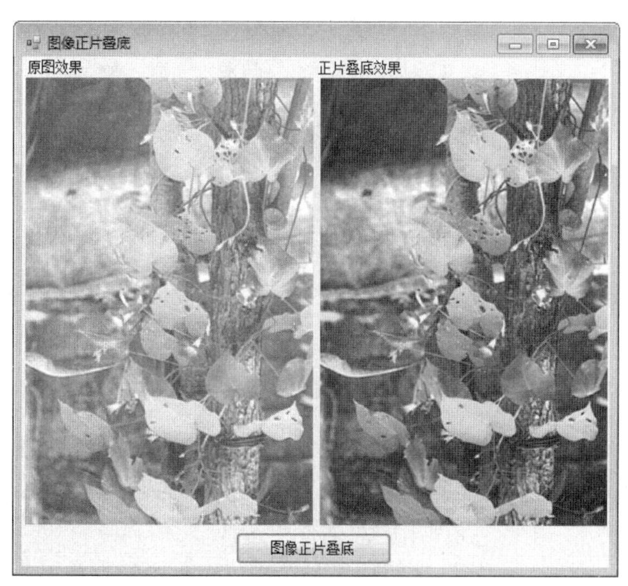

图 16.13　程序运行效果

要求：使用运行时函数“直接文件访问”方法完成。

参考建议：以字节为单位读取图像文件，根据第 11～14 四个字节所表示的像素数据区位置，将数据区中的每个字节用 b*b/255 写入 C:\MorningGlory2.bmp 文件（b 为原图中像素数据区的一个字节）。由于 b 为 Byte 类型，而 b*b 可能会超出 Byte 取值范围，因此建议定义整型变量 t，先将 b 的值赋给 t，然后再做相乘运算，即：

t = b

b = (t * t) / 255

否则会出现异常！

实验 16.7　BinaryWriter 和 BinaryReader 实现图像正片叠底

使用 System.IO 命名空间下的 BinaryWriter 和 BinaryReader 类完成实验 16.6 的功能。

参考建议：可创建两个 FileStream 对象，分别用于图像文件的读和写，并用它们创建二进制读写器对象。对象创建可参考如下代码：

```
    Dim fStream1 As New FileStream("C:\MorningGlory1.bmp",FileMode.Open,
FileAccess.Read)
    Dim fStream2 As New FileStream("C:\MorningGlory2.bmp",FileMode.Create,
FileAccess.Write)
    Dim fRead As New BinaryReader(fStream1,System.Text.Encoding.Default)
    Dim fWrite As New BinaryWriter(fStream2,System.Text.Encoding.Default)
```

实验 16.8　My.Computer.FileSystem 制作音频播放器

用 My.Computer.FileSystem 制作简单音频播放器：用户可以先从下拉列表中选择一个驱动器，在列表框中显示该驱动器下的所有目录（文件夹）；双击某一目录，能在列表框中列出该目录下的所有子目录，在另一个列表框中列出所有扩展名为 MP3 的音频文件；双击某一 MP3 的文件，在右边的 Windows Media Player 控件中播放选中的音频文件，如图 16.4 所示。

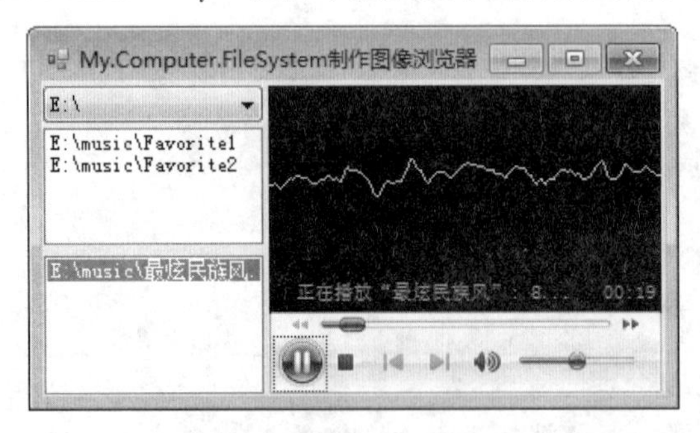

图 16.14　程序运行效果

要求：使用 My.Computer.FileSystem 文件系统对象模型完成以上功能。

参考建议：音频文件的播放可使用 Windows Media Player 控件（在工具箱的“公共控件”上右击，选择“选择项...”命令，在弹出的对话框中选择“COM 组件”选项卡，勾选“Windows Media Player”复选框，单击“确定”按钮后工具箱中就会显示该控件）。将控件添加到窗体，名称改为 wmpPlayer。以下是播放音频的参考代码：

```
    wmpPlayer.Ctlcontrols.stop()
    wmpPlayer.URL=音频文件名
    wmpPlayer.Ctlcontrols.play()
```

参考文献

[1] 向珏良. 可视化程序设计.NET 教程[M]. 上海：上海交通大学出版社，2013.

[2] 龚沛曾，杨志强，陆慰民，等. Visual Basic.NET 程序设计教程[M]. 2 版. 北京：高等教育出版社，2010.

[3] 郑阿奇，彭作民，崔海源，等. Visual Basic.NET 程序设计教程[M]. 2 版. 北京：机械工业出版社，2011.

[4] 上海市教育考试院. 上海市高等学校计算机等级考试（二级）《Visual Basic.NET 程序设计》考试大纲（2016 年修订）[EB/OL]. https://www.shmeea.edu.cn/.

[5] VICK P, WISCHIK L. The Microsoft Visual Basic Language Specification Version 11.0[EB/OL]. https://www.microsoft.com/en-us/download/details.aspx?id=15039.

[6] NEWSOME B. Visual Basic .NET 2015 入门经典[M]. 8 版. 李周芳，石磊，译. 北京：清华大学出版社，2016.

[7] Halvorson M. Microsoft Visual Basic 2010 Step by Step[M]. Washington: Microsoft Press, 2010.